住房城乡建设部土建类学科专业"十三五"规划教材
高校风景园林(景观学)专业规划推荐教材

风景园林师实务

杨　锐　马晓暐　李建伟　李宝章　陈跃中

王磐岩　白伟岚　安友丰　李方悦　　　　著

U0249531

中国建筑工业出版社

图书在版编目（CIP）数据

风景园林师实务 / 杨锐等著 . — 北京：中国建筑工业出版社，2019.4

住房城乡建设部土建类学科专业"十三五"规划教材，高校风景园林（景观学）专业规划推荐教材

ISBN 978-7-112-23169-0

I. ①风…　II. ①杨…　III. ①园林设计-高等学校-教材　IV. ① TU986.2

中国版本图书馆 CIP 数据核字（2019）第 007625 号

本书包括风景园林师的社会责任与职业道德、注册风景园林师制度、怎样成为一个合格的项目负责人、职业风景园林师的沟通能力和沟通技巧、风景园林法律法规和技术规范、从东西方自然观差异看风景园林发展趋势、国家公园及其影响、职业风景园林师的实践范围和如何创办成功的风景园林企业等九讲内容。适用于风景园林专业师生及相关从业人员。

可发送邮件至 cabp_yuanlin@163.com 索取课件。

责任编辑：杨　琪　陈　桦
责任校对：姜小莲

住房城乡建设部土建类学科专业"十三五"规划教材
高校风景园林（景观学）专业规划推荐教材
风景园林师实务
杨　锐　马晓暐　李建伟　李宝章　陈跃中
王磐岩　白伟岚　安友丰　李方悦　　　著

*

中国建筑工业出版社出版、发行（北京海淀三里河路9号）
各地新华书店、建筑书店经销
北京建筑工业印刷厂制版
北京建筑工业印刷厂印刷

*

开本：787×1092毫米　1/16　印张：11¾　字数：251千字
2019年9月第一版　2019年9月第一次印刷
定价：**38.00**元（赠课件）
ISBN 978-7-112-23169-0
（32814）

前　言

　　风景园林是一门既古老而年轻的学科。自 2011 年成为国务院学位办公布的一级学科以来，风景园林学在人居环境营造和国土规划领域发挥的重要作用愈发显现，风景园林师的职业范畴和在业人数也在日益扩大。在风景园林学科建设和研究生培养方面，清华大学建筑学院景观学系始终走在改革创新的前列。如何塑造在校学生的职业道德、提升专业素养、对接行业前沿、拓展职业潜力，是景观学系持续探索的教学课题。

　　2013 年，我作为主要协调人之一，与许多业界同仁一起努力推动中国风景园林师注册制度以及风景园林职业培养体系。注册制度虽因种种原因暂时搁浅，但也由此产生了为本专业研究生开设一门职业素养课的想法。在与几位业界翘楚交流之后均得到了积极响应，我于 2014 年秋季学期在清华开设了"风景园林师实务"课程（简称实务课）。课程从多个角度对风景园林师的职业行为进行剖析并还原各类实践情景，通过授课老师的讲解与课堂互动讨论，为同学们开拓专业视野并传递正确的行业价值观和职业伦理观。

　　每期课程分为 8 讲，每讲由三个环节组成。第一个环节邀请风景园林行业资深规划设计师授课，第二个环节由我和授课老师互动，第三个环节由学生提问，授课老师和我答问。课程内容聚焦于风景园林师职业素养的核心内涵，包括对行业实践范畴的认知、工作中的表达能力和沟通技巧、项目管理和统筹能力、准确查找并充分掌握行业法规和技术规范等。在过去 5 年的课程中，我们很荣幸地邀请到了马晓暐、李建伟、陈圣弘、李宝章、陈跃中、王磐岩、白伟岚、李方悦、安友丰和袁松亭前来授课，他们是各自企业中的管理者、运营者、主创设计师，都享有极高的业界声誉。他们放下手中忙碌的工作、牺牲个人休息时间来到清华园为同学们讲解专业知识、分享实践经验，从他们的投入状态我能够感受到他们对于风景园林事业的热爱和对风景园林教育工作的极大支持，对此我非常感动，也衷心感谢！

　　实务课的开设收获了同学们的一致好评，选课学生构成从风景园林专业扩展到城乡规划专业、建筑学专业和环境设计专业（美术学院），从外校赶来旁听的学生也不在少数。2016 年开始，实务课还得到了清华大学研究生院研究生教育教学改革项目的资助支持，我们在完成教学工作的基础上对研究生职前教育模式进行了深入思考和改革探索。究竟什么样的教学体系能够帮助研究生打牢专业基础、开阔就业思路？我们如何为风景园林行业培养领军型人才？职业伦理如何成为风景园林师服务社会、服务自然的基本准绳？这些问题萦绕在我的脑海，在课堂上我与受邀而来的客座老师们进行对谈，交换彼此看法，并鼓励选课同学前往他们的企业参观学习；课下我带领课题组成员查阅了国内外相关行业组织、专业学会的职业行为准则和伦理标准，研究分析了其中的强制性约束和弹性规定以寻找解决问题的坐标系。结合我自身的教学和研究积累，将风景园林实践归纳为保护、规划、设计和管理 4 个大类，职业素质培养应该围绕风景园林师执业能力的 4 个维度展开，具体内容已体现在课程每一讲的题目之中；对于在校研究生，需要着重培养其敏锐发现问题、深刻认识问题的能力，锻炼其创造性解决问题的能力。本书的出版正是为了将上述思考和讨论过程完整地呈现给关注风景园林事业发展的各界同行，也为尚待择业的同学们提供参考。

书中一共收集整理了 9 讲课堂实录，授课时间横跨多个学期。为了尽可能还原当时的课堂氛围和观点阐述背景，在文字上我们保留了老师授课时的口语风格，仅做少量修订。话题中的部分时效事件可能已经失去了比较性，但彼时对于风景园林行业发展趋势的判断或一语中的，我们不妨慢慢回看。

最后，要感谢各位助教的辛勤付出，他们的细致工作使课堂教学及课后实践保持了高效和连贯性，他们是马之野、曹越、叶晶、张引、黄澄、徐锋、林声亮、彭钦一。马之野对本书的编辑出版也做出了特别突出的贡献。本书的成稿还得到了清华大学研究生院培养办湛勇智老师、建筑学院景观学系何睿老师、中国建筑工业出版社杨琪编辑的帮助，在此一并致谢。

杨锐

2019 年 4 月于清华园

目　录

第一讲

风景园林师的社会责任与职业道德

主　　讲: 马晓暐
对　　话: 杨　锐、马晓暐
后期整理: 马之野
授课时间: 2014 年 9 月 26 日

马晓暐

　　意格国际创始人，现任意格国际总裁、首席设计师。1986 年毕业于北京林业大学园林系园林设计专业，后任教于北京理工大学工业设计系；1989 年赴美，就读于明尼苏达大学设计学院，毕业后曾任职于明尼阿波利斯市 Ellerbe Becket 事务所、波士顿 Sasaki Associates、HOK.Inc 旧金山公司、Hart Howerton 等著名设计机构；2004 年至 2014 年担任美国明尼苏达大学建筑与景观设计学院董事会董事；2006 年起担任上海市景观学会理事。现师从于中国风景园林学泰斗孟兆祯院士攻读博士学位。

　　通过三十多年的设计研究与实践，马晓暐先生提出：在满足风景园林四大属性"人本性、地域性、生态性、经济性"的基础上，以"天人合一"为总纲，以意境营造为核心艺术追求，以竖向设计为核心技术，以景观与市政、水利、建筑等专业整合的综合设计手法为核心流程，以满足生活需求为核心诉求，构成当代景观设计理论"新自然主义园林"的核心理论体系，并在此基础上发展出当代中国"新山水园林"的创作风格。马晓暐先生先后主持设计了包括海南博鳌亚洲论坛系列项目、千岛湖珍珠半岛中心景观带、台州云西公园、洛河瀍河滨水风光带、千岛湖旅游学院、桐庐富春江滨水风光带、桐庐高铁站站前广场（建设中）等一批具有影响力的园林工程项目。

第一部分——授课教师主题演讲

杨　锐：　　我们这门课的名称是"风景园林师实务"，风景园林师要识实务，识实务很重要，但是我们这个"实务"不是识时务的"时务"，当然这两个也是有关系的。在这门课程里我们请到了九位景观业界的精英，或是你们经常说的"大腕儿"，来为同学们进行九次讲座，最后一讲由我来收尾，我这个"尾"可就不是实务了，而是一个展望。

　　我们这门课是研讨型课程，本学期我也希望将研究生课程模式和本科生的有所区别，主要体现在加强互动，这一点十分重要。在当今的互联网时代，信息的获取非常容易，你们一敲键盘很多的问题就一目了然，但是如何通过这门课程帮助大家掌握更多的专业知识，并激发你们产生独立的见解，这是非常重要的。所以我们每一节课的安排分为三个部分，前半段的时间由我们的主讲老师进行授课，后半段由我和主讲老师就这一讲的主题进行对话，最后 20 分钟时间，我们留给学生的提问环节。实际上在古代，不管是中国还是西方，学问都是通过问答来产生的，所以在这门课程中大家可以感受到有一些论坛或者讲坛的氛围，我们希望形成一个场，然后在这种氛围下，大家可以畅所欲言。我今天早晨看了一篇报道，是清华生命学院的院长施一公院士①写的，他说他去以色列的时候和以色列的家长交流教育理念，然后以色列的教育学院院长说，他的孩子回到家之后，他一般问两句话：第一句话是你今天有没有提一些问题让老师回答不出来的？第二句话是你今天在学校有没有做一些事情让老师跟同学感到印象深刻。而施一公院士说作为中国的家长，包括他回家一般就问：你今天有没有听老师的话？所以我们这堂课，我也希望大家在"问学"和"学问"之间共同成长。

　　今天是第一讲，主题是"风景园林师的社会责任和职业道德"，我们请到的授课老师是马晓暐老师。马晓暐老师是意格国际的创始人，也是意格国际的总裁和首席设计师。他 1986 年毕业于北京林业大学的园林设计专业，1989 年赴美国就读于明尼苏达大学建筑与景观设计研究院，获得了 MLA 学位，现在他也担任美国明尼苏达大学建筑与景观设计学院董事会的董事。他在多家国际机构拥有多年的工作经历，其中包括 Sasaki 和 HOK 旧金山分公司，拥有丰富的国际实践经验，我们以前也请他在清华建筑学院做过讲座，下面我们以热烈的掌声，欢迎马晓暐老师为我们讲课。

马晓暐：　　非常感谢杨老师，也感谢各位同学来听这么一堂看似无聊、但实际上非常重要的课。很荣幸来到清华参与"风景园林师实务"这样一个课程，也很荣幸杨老师让我讲这一讲。我感觉这是非常难讲的一讲，因为稍不留神就会讲成一个很枯燥的、说教式的讲座，但这也是我最想讲的一课。我进入这个专业已经32年了，坦率地讲，我跟你们一样大的时候，对很多设计上的东西充满了激情，对很多形态的东西充满了激情，对很多大师非常向往，对很多项目很来劲。但是过了32年之后，我想得最多的还是一些很虚无的东西，因为该见的也见了，该试的也试了，到了年过半百之后，我想得最多的就是我到底在做什么，我这个做法到底有没有意义。这一点在我脑海里想了很长时间，我觉得这一点实际上跟我们当今社会的转型密切相关。如果说在过去一、二十年社会快速发展的时候，还是解决有跟无的问题，比方说我是不是买得起房，是不是有足够的房可买。但是发展到现在，你会发现社会在转型，这时已经不再是有没有路、有没有高铁、有没有住房，而是说有足够的道路、足够的高铁、足够的住房，物质得到极大的满足。"90后"所面临的问题不再像"80后"一样是生存的问题，我每次说这句话"80后"都不太服气，但实际上我认为当"90后"走向社会的时候，面对更多的是意义的问题。不是我是否有住房，而是我为什么要活在这个世上，我为什么要做这个专业，这恐怕是"90后"面对的最大问题，而不是说我有没有一份工作。可能你都不见得需要找一个工作，因为（意格）北京公司的"90后"员工里，有很多是开奥迪来上班的，你真是需要那份工作吗？但是我认为将来的工作选择更多是与自己的社会定位、社会价值发生最直接的关系，所以这门课程非常重要，对我们这些"60后"很重要，对在座的"90后"也很重要。

我今天从几个方面来谈，谈我们的社会责任和职业道德，这不得不去谈我们专业的定义，当然这不是我们今天课程的主要内容，但是我们可以简单浏览一下。我个人认为这个专业的定义是什么，从而引发出我们的社会责任是什么，职业道德是什么。而且我非常想跟在座的同学交流，我所认为的专业未来的发展方向，因为道德、责任的背后也是机遇，机遇跟责任是成正比的，所以我们也不能够在今天只谈责任不谈机遇，而且我认为机遇是非常大的。

风景园林师的定义，实际上大家对这个定义很含糊，20世纪80年代我求学的时候，我跟别人说我是做园林的，很多人会问你们种果树吗，差距非常大。但是今天我说我是做园林的、做景观的，绝大部分人都知道了，因为开发商教育了老百姓。老百姓大概知道园林就是我们楼下的那些东西，公园里面那些东西，基本上大家有一个简单的认识。而且我认为东方对于风景园林的定义，跟西方对风景园林的定义不太一样，当然这个定义的边界在逐渐模糊，但是我认为其中还是有一些差异性的。包括我个人对于风景园林的认识，恐怕也跟我的老师或者其他人有一点点差异，这个我会简单地讲一下，因为这不是今天课程的主要范畴。

我们发现有很多著名的院校，例如清华、北林、北大、华农，你会发现它们开设的园林专业课程都不太一样，侧重点也不一样。如果是中国美院，它很注重美术方面的教育，林业院校很注重植物和生态方面的研究，建筑院校的规划背景很强，比如同济，规划专业非常强。可以看到我们这个专业的课程设置五花八门，也就说明我们现在对这个专业的认识还有一定差异性。

以前大家说做园林的，到底做什么园林的，什么是园林，社会上的认知与这个专业真实内涵有非常大的差异。LEPC 现在是一个很活跃的论坛，杨锐教授是它的发起人之一，我们在论坛里面也在讨论这个定义。论坛里面是以杨锐老师为代表的一些业界精英，但是我们这些精英还在通过这个论坛去寻找园林的定义，这就是我们这个专业的现状，定义仍然在被确定的过程中，这是很有意思的一件事。所以我觉得清华办"明日的风景园林学"论坛非常重要，我也收到了杨锐老师给我们的论文集，这是我们业内对这个专业的讨论，风景园林发展得非常迅猛，我认为它发展的速度远远快于西方国家。

我最近在跟一个同事聊天的时候说，现在世界上一半的设计师，或者说世界上所有设计师一半的业务都是在中国。你会见到大量的中国人涌进美国，学习美国，研究美国，你在美国的 ASLA 大会上看到大量的东方面孔。但是当全世界一半以上项目在中国的时候，你居然不会在中国的风景园林学会的年会上看到一个外国面孔，你不会在中国的杂志上看到任何一个外国人所提供的文章，你也不会见到一个外国人研究中国园林，这是挺奇怪的一个现象。我们其实是在快速的进步，在中国景观专业的进步速度比西方更快，虽然我们在吸取西方的知识，他们的知识很新颖，视角很新颖，但实际上西方的进展速度、进化速度是远不如我们的。这一点我感触是比较深的，因为西方还是停留在他们的语境里，他们到中国来做设计，我称之为降落伞式的设计拍下来，看看场地回去，谷歌一搜，答案给你，就是它。所以我们这个专业有巨大的发展空间，现状不是这个专业最理想的状态。

国际上，例如 IFLA 对风景园林师是有定义的，风景园林师的技能范畴是有一个清晰的定义，当然这是 IFLA 的定义，是站在它的角度上所作的这样一个定义。那么景观跟园林的关系是什么，我们现在有环艺专业，有景观专业，也有风景园林专业。我是北林毕业的，我也搞不清楚风景园林跟园林之间的关系到底是什么，反正是名称非常复杂，而且到底是景观包含园林，还是园林包含景观，也有很多的争论。一派认为当然是景观包含园林了，园林范畴多小；那另一派，我是在另外一派，当然是园林包括景观了，园林是含规划、建筑，从来没听说过园林把建筑分开的，但是景观显然是跟建筑脱离的。所以看法的角度不一样，有的是以古代园林为范畴，跟现代园林比，其研究范畴肯定是远远不如我们今天的范畴。但是你从专业的切入点以及专业的范畴来讲，那正好园林又是一个综合性的专业，这一点跟西方景观的定义又存在差异性。所以你看这个东西很复杂，你到底是从哪个方面去看，你是从广度还是从深度上去看。广度上去看，园林的定义很大，我认为园林的定义非常伟大，到现在西方还纠结在景观怎么跟其他专业结合这个问题上，而园林不存在这个问题，从广度上不存在这个问题。从深度上，我们不可能用中国古代园林的东西来解决当今存在的问题，我们今天存在的问题非常的广大，远远不是古代风景园林体系能够解决的，所以广度跟深度又是不一样的差异性。

而且我认为，显然西方的景观专业是从 Architecture 剥离出来的，两百年以前一切都叫 Architect，Architect 做一切的东西。例如赖特就是个典型人物，赖特做规划，赖特做建筑，赖特做室内，赖特也做家具。如果放在今天的话，那显然是好几个专业的事情，但是在当时，赖特做一切，那就是当时对 Architect 的定义。但是后来就逐渐剥离细分，逐渐景观专业就成型了，而且有别于其他的专业。所以我个人认为园林与景观是可以并存的，这两个概念是可以并存的，一个是大一统的概念，一个是精而专的概念，这两个概念我觉得不矛盾，各有各的领域，各有各的范畴。当然说这句话又掀起了一个园林跟景观之争，我又成了一个罪人，因为这个争论已经被扑灭了，不要争论了，就叫风景园林学。但是我今天谈这个专业，我不得不再把这个陈年旧账翻出来说，大家姑且听一听也就罢了。我们现在统一管它叫风景园林专业，这个已经没有争议，是已经定下来的，而且是国家一级学科，不需要在这个专业定义上、名称上再做争执了，我只是谈一谈我个人的看法。放在日本叫造园学，不妨碍学科的发展，没有说造园学就只能做 Garden 而不能做其他的。我们中国人对名称特别在意，但实际上我认为不需要争论过多，只要是在这个大的范畴里面我们做就是了，往好里做就是了，这就是我的态度。

我个人认为，风景园林学未来的发展，一定要成为诸多专业里面一个重要的专业，要成为在综合性项目里领导者的角色，这一点我觉得非常重要。无论我们怎么看我们这个专业，它一定要成为我们参与这些工作里的领导地位，而不是附属地位。在美国时，我周围有很多优秀的风景园林师，但在建筑师面前总是十分无力。我在求学的时候，我的室友是一个美日混血，他后来进了 GSD 以后学了 GIS，现在一直在 ESRI 工作，专门做 GIS，做得非常好。他去的时候我在 Sasaki 工作，他在 GSD 上学，他说了一句话，我到现在都印象深刻。他说他不学景观设计，我问为什么，他说这个专业没希望，他说你看看学景观的学生跟学建筑的学生比，学建筑的学生一看就是学建筑的，而学景观的学生眼睛里面都不放光。当时我非常难受，这也是我当时回国最重要的原因之一。他已经没有那样一种想去统领的愿望，而完全心甘情愿变成了附属专业，这点让我特别心痛，这也是为什么我回国之后一直在大声呼吁园林的重要性。我认为园林是个综合性的专业，园林教会我们规划的知识、建筑的知识，园林教会我们文化，教会我们如何看待这个地球，看待万物。回国以后我认为园林专业在中国有巨大的市场，而且它给我们提供了一个很大的舞台。回来之后建筑我也做过，规划我也做过，虽然我不是一个职业的建筑师，但是我至少有这个权力去定位置、标高、体量，而在国外有哪一个建筑师会允许风景园林师去动他的标高、体量，告诉他体量只能是多少，这是不可想象的，但是在中国就可以，因为中国有宝贵的园林文化。所以我们看待这个专业，要虚心地学习西方好的东西，但绝不能把我们自己跳出一个窠臼而又进到另一个窠臼。我们一定是博采众长，并发挥我们自己专业的优秀传统，把一切都看作是园林专业。我们绝不能等其他专业全都搞完之后再来做景观，我们绝不能这么想。我们应该想一切都有我的话语权，建筑的体量，建筑的布局等。所以风景园林在中国应该比在国外拥有更大的专业范畴，绝不能够把我们陷入到美国那个专业里去。

那西方的风景园林体系是怎么来的？实际上它出现得非常晚，大家知道西方以前的造园基本上都是以寺庙、宫殿为主。后来在 15 世纪，结合了意大利的庄园，然后从庄园又演变到法式宫廷花园；到了 16 世纪的时候，出现了类似于凡尔赛这样巨大的宫廷式花园；到了 17 世纪开始出现自然式造园。所以说西方园林中人与自然的关系觉醒得非常晚，到 17 世纪才觉醒，而我们不是，我们从隋代的时候人与自然的关系就非常亲近了。到了唐宋时期，我们的园林文化就已经非常昌盛了。而西方到了 17 世纪才开始，然后紧跟着进入了工业革命，一系列副作用开始体现，污染、非人尺度的关系开始出现，之后才出现了后来的反思，而且西方工业革命里面的一些设计风格，实际上也经历了中世纪的文化压抑而产生出现代主义风格。现代主义风格象征了摆脱那些压抑、束缚了人们上千年的文化禁锢的一种符号，只注重功能。而后继续反思，出现了后现代，然后才出现了诸多流派，包括批判性地域主义。所以西方的大部分理论是为了应对过去一百年里面出现的各种各样的社会问题、产业问题、环境问题、生态问题，这是西方理论体系出现的背景。而中国的理论体系出现的比较早，我们创造了一个比较成熟的造园体系，例如明代计成的《园冶》，从整体布局到叠山理水都已经非常成熟了。

那么相对而言，我们成熟得早，他们成熟得晚，但是他们的理论体系更加适合后现代文明中一些亟待解决的问题，而我们国家恰恰是在过去 15 年里，基本上是从农耕文明一跃成为最大的工业体。15 年前，什么都是进口的，我们自己生产不了太多东西，我们基本上还属于农业国家，75% 的人口是农民。但是就在过去的 15 年里，我们成了最大的工业国家，所有的 iphone 都是中国产的，然后运到美国，再被中国人买走运回中国，基本就是这么一种状态。西方的某些体系就好像是已经研制出来的特效药，他对某些病症药到病除，有些东西一拿过来就可以用；但是中国的东西更像是中药，煮、熬，吃完之后不会立刻见到什么效果，当前基本上是这样一种状态。

而东方的理念是大一统的，我们如果看样式雷，样式雷做的东西跟赖特一模一样，样式雷做不做规划？做的；做不做建筑？做的；做不做家具？做的；做不做室内？做的。我们去看样式雷的设计，室内的门、窗他都做，船也做，龙榻也做，避暑山庄的一切都是样式雷制作的，他和赖特的定位完全一样。但我们现在对风景园林的定位还是沿袭了西方的传统。我们是风景园林师，什么都可以做，所以在北林我们也是什么都学，建筑、规划都要学。

东西方这两种体系实际上是有很多碰撞的，而我们国家一个最大的特殊性就是变化来得太突然了，在我们还没有反应过来的时候，改变已经完全发生了，速度太快了。我自己回国13年，我经历13年像闪电一样的变化，所以我们目前就处在快速变化的后遗症之中。就是被打蒙了的时候，再重新构建自己的体系，重新琢磨这件事，我们到底发生了什么，我们在面对什么。所以有点反应不过来，也是正常的。

我个人认为，应该再出现一种第三理论体系，它建立在东西方两种文化交融的基础之上，而且不预设前提条件。我们经常看到一些所谓的西学中用，中学为体、西学为用，我强烈质疑这种提法。什么是中学为体，什么是体，什么是中学，什么是中学为体？到底维护的是什么体，清晰吗？当我们在维护中学为体的时候，这个中学到底是什么，这是非常复杂的一个事情。我最近的学习也是在深入地挖掘这件事。我现在还是北林的在读博士生，我现在研究的方向就是挖这个东西，什么是中学，这件事困扰了我太长时间，也是最大的困扰。

我发现很有意思，东西方文明有好几次碰撞，我简单归纳为五次碰撞。第一次碰撞我上次也讲过，唐代的一次碰撞使得中国的造纸术等文明通过西域传到了西方，这非常重要。其中一场著名的战役，高仙芝打败了这场仗，几千个俘虏，对绘画等艺术形式产生了非常奇怪的影响，西方从公元4世纪之后消失的风景画，就在这场战争之后的几十年突然再次出现了，与东方绘画完全一样的山水画风。然后是元代的碰撞，非常重要的一个碰撞。后来的大航海，大航海也是西方人到东方淘金的过程。再后来到了鸦片战争，更加强烈的碰撞，而且这种碰撞还发生在人的文化层面上，带来了剧烈的冲击。第五次碰撞是中国加入WTO，一个比以前更加猛烈的碰撞，彻底把我们从一个农业国家改变成一个工业国家。

所以从对这些碰撞的研究中我们可以发现，人类社会的发展轨迹实际上可以看作是人的两大属性的变化过程，即人的社会属性和自然属性。我把它们形容为像脚印一样，是互相牵动的，当人探知世界，探知文明，探知自然到一定程度的时候，就会反过来质疑自身的社会架构、社会组织，然后引发革命。当社会进步、繁荣的时候，会产生很多的财富，让大家去探寻自然、研究自然，所以它们是两个互动的过程，所以我将其形容为一种交替前行的过程，这一点在辩证法里有相似的描述。但是，在这种关系中是自然属性重要还是社会属性重要？认为社会属性重要就是唯心论，认为自然属性重要并牵动人的社会属性是唯物论，但仔细想一想，这不恰恰就是风景园林的定位吗，风景园林所面对的对象，就是人的两大属性：社会属性和自然属性，我们正是在第一线面对这两大属性的，这是我们专业真实的定义。从这个角度出发我们可以认为，风景园林学完全可以成为促进这两大属性变化的起因，可以通过我们的手去促进这两个属性向前发展。对于人的社会属性，通过我们设计的场所，通过我们营造的环境，让人性得到尊重，让人自我发展。当我们让人与自然的关系变得更加直接的时候，我们不就是在促进人的自然属性吗？研究自然、理解自然、理解万物，所以我们的设计是很伟大的，我们的设计完全是社会发展背后的一个推手。对于这样一个地位，风景园林怎么会是一个从属性的专业，它是非常重要的一个专业。

从这个意义上讲，我们就知道风景园林专业的定位是什么，它是促进我们社会发展的一个巨大动因，这是我们专业的根本性定位，并从它引发出我们的责任。我认为可以从这几个方面来看待责任，而且承担这些责任也是有条件的。对我来讲，大家认为中西方文化的本质存在很多相似性，2500年前的智慧，孔子的智慧，你会发现这些人生哲理，例如格物、致知、诚意、正心、修身、齐家、治国、平天下，都是从宏观讲到微观，又从微观讲到宏观，从个体讲到总体，又从总体讲到个体。你会发现这跟西敏寺的墓志铭完全一样，这个墓志铭就是西方人过了两千年以后终于琢磨过来了，发现人生无非就是这样一回事。要想改变社会，必须改变自己，只有改变了自己，才能反过来改变这个社会，你会发觉2500年前的智慧跟300年前智慧几乎是一致的，东西方文化在这一点上是完全契合的。我们风景园林师，或者景观设计师，在这个点上是很相似的，当我们想改变这个社会的时候，我们得先想一想是否能够改变自己，只有我们改变了自己，才能够真正反过来改变这个社会。

我最近就在非常努力地改变自己，我从88公斤，今天早上过秤的时候78.7公斤，在过去的五个月减了9.3公斤，这也是为低碳社会做的一些贡献吧。我不相信一个巨大体量的人站在这里讲生态会有人信服，我的体型就不允许我讲生态，因为我生活的状态就非常不生态，所以我决定从自身做起，五个月下来还是蛮有成效，而且还打算再减掉几公斤。实际上你会发现，如果你想承担起这个责任，自我修炼是非常重要的，如果连自己都管控不了，却非要掌握别的社会资源，掌握别人的生活方式，我们不见得具备这样的条件。

杨锐老师提出这个命题，我认为非常重要，我觉得我们的责任应该分为几个层面，有宏观层面，有中观层面，也有微观层面，不是一个简单的描述。从宏观层面，文化的传承是不是我们的责任，当然是；我们是不是承载着生态的责任，当然是；我们是不是承载着社会责任，创造一个更好的社会，更加公正的公民社会，有没有这个责任，当然有这个责任。从中观层面上来讲，我们对城市设计、城市空间营造、旧城改造、土地利用，当然承担这方面的责任。从微观上，我们打造一处道牙、打造一个残疾人坡道、打造一个坐凳、打造老年人散步的扶手，我们有没有责任，我们要不要在这方面承担责任，当然要，而且我们还要承担多重身份的责任，待会我会讲多重身份的概念。所以我们的责任是全方位的。

在文化传承方面，我们同样承担着非常多的责任，需要我们来认知、识别。关于生态方面的责任，因为我们所处后工业时代，地球被糟蹋得实在是不像样子，在资源如此匮乏，人们的欲望发展到这种程度，已经到了一发不可收拾的地步，到了疯狂的地步，让别人瞠目结舌。我2014年去日本时，小同事第一句话就是说日本的 iphone 便宜，传达给我的第一个信息很明确，去九州干嘛，搞一部 iphone，物质的渴望实在是太强烈了。

社会责任，我们承担着大量社会责任。人与人之间关系的和谐，在我们的笔下极其地重要，我们就是创造人与人之间公正、和谐的人，我们可以引导一个城市的发展。现在我们的城市为什么千城一面，为什么平时干死，一下雨就涝死，因为我们的规划师还有欠缺，因为我们的规划师排产业、排用地、排路网结构、排容积率、排限高，只排了这些市政体系是不够的。但是我们风景园林专业的切入点不一样，作为一个风景园林师，首先要看整个城市的环境容量，城市的山水骨架，城市的水环境、水体系。如果按照风景园林的切入点去规划城市可能不会出现内涝，因为我们事先就会把过水通道保留下来，事先就会把蓄洪空间预留下来，并与人的生活有机组织在一起。一场暴雨下来之后，当市政管网不堪重负的时候，城市就淹了。所以我们 70% 多的城市缺水，但是一下雨就淹，奇怪吧？平时等水，一来水的时候赶紧排水，这就是我们城市的现状。然而我们就眼睁睁看着这样的规划体系走到今天，把我们的城市变成怪胎，因为风景园林专业没有参与。我在美国高速路上驾驶，会发现沿途景色非常漂亮，高速路跟地形的结合、跟山体的结合，路中间忽宽忽窄，高速路可以两边路幅不一样，然后植物可以穿越过去，在美国开高速真是一种享受。为什么呢？从 1920 年代风景园林师就在美国的高速路机构参与选线设计。旧金山金门大桥两侧有两个纪念碑，一侧是金门大桥设计师的纪念碑，站在那儿手里拿一个画卷，而另一侧你会看到石头上镶了一块铜牌，那个是 Landscape Architect 的纪念碑，那上面写得非常清楚，他从 1940 年代就服务于美国加州的高速路部门，他负责了加州高速路所有的选线、定位和设计，使得加州高速路非常优美。中国的高速路现在是什么样子？越宽越好，越平越好，碰到平原垫起来，碰到山炸过去，你什么时候在中国见过高速路两个道路的标高不一样，而且宽窄不一样，中间的绿化带忽宽忽窄你见过吗，没有。我们根本就没那么思考过，我们从来就没有思考过高速路的设计其实要跟风景园林结合在一起，而两者本来就应该结合在一起。所以我们对这个专业的思考必须放大，到专业以外去思考，就是反过来要管高速路的设计，要管城市规划，决不能够等到别人设计完之后只做做旁边的景观，那真是太悲催了。

所以我们必须要从自己做起，有这样的社会责任感，小到一处道牙，大到国土规划，我们都应该参与。坦率地讲，不但我们国土规划做得不够好，我在中国也很少见一个负责任的道牙和残疾人坡道，但我在国外的时候经常看到，让我想拍下来，做得真好。在中国的人行道上，我见到盲道，但很少在盲道上见过盲人，这本身就很荒谬。实际上存在这么多设计的机会，但我们居然不会关注一个残坡。当然风景园林师的职业定位也是不一样的，不都是搞设计的，杨老师一再说搞管理的怎么办，搞施工的怎么办，搞养护的怎么办，所以大家也知道，风景园林师的注册考试已经提到日程上来了，这里面就牵扯到注册的对象是谁。我作为设计师，我整天想的就是我自己，我是设计师，但其实我们这个专业非常庞大。我们经常说，三分设计七分养护，尽管现在这个概念在中国还不强烈。我们搞设计的时候，99.9%的钱都花在了地表以上，地表下面是不愿意花钱的，我们上面的造价上千块钱一平方米，但是换土只换了不到一米，一米下面都是建筑垃圾。也就是说一些奢华的景观下面埋的都是垃圾，我们不愿意把任何一分钱花到地下去，因为我们觉得钱必须花在看得见的东西上，就像金链子必须得挂在脖子上才行，我的目的是为了让你看，这就是当前对景观的一种普遍认识。而在国外，任何一处土地都必须把所有受到污染的土壤换到没有为止，挖到不能挖为止，全部换掉。为什么？因为它对地下水的污染极其严重，这是非常可怕的。

我最近听说清华打了一口3000米深的井，原来的井是800米深，为什么？因为800米的井水很快就不能喝了，因为整个北京800米以下的地下水已经完全被污染了，必须打到3000米以下。我们在地面上花了如此多的钱去做景观，但是地下水却在逐渐被污染。所以我们还是要从自己做起，不能够大声地呼吁说这个社会不负责任，我们还必须从自己做起，自我的教育、自我的修养、自我的认识、自我的能力、自我的技能都要提高，只有通过这些提高才能一点一点地去改变社会。

除了我们专业之外还有非专业的。我明天要在浙江农林大学做一个交流，交流题目是"设计师的沟通艺术"。你会发现沟通特别重要，我开设计公司后突然发现，原来会说房租好贵、电费好贵、差旅人工好贵，但后来发现真正贵的是沟通。比如我做设计，可能持续了好几个月，过程中有哪一个阶段是啪一下子把这个设计推到一个高度，那个时间极短，六个月里面可能只有那三天时间是非常高效的，其他时间都在磨，都在来来回回折腾，我发给你，你发给我，我送给你，你送给我，其实都是浪费在沟通上的。我想表达的意思是，大家看待自身的能力必须是全方位的，知识层面、技能层面、能力层面都非常重要，组织能力、协调能力、沟通能力、合作能力极其重要，有时候比你画图的能力还重要。大家知道绝大部分的大师是不画图的，我现在找不到一张透视图说你看奥姆斯特德画得多漂亮，但是这个家伙是风景园林之父，他的能力是体现在沟通上的，以及眼界，对未来的一种预知，而不是靠他的绘画能力，这就是大师。

职业素质有很多，刚才谈到了一些基本的技能，但我还想表达一个理念，我们的责任要放在一个地方去看待，就是要配置社会资源。我们既能够促进社会的发展，同时又承载着这么多的责任，但却没有这个权力，你怎么去实现这些责任？为什么学风景园林的不能去当总理呢？为什么学风景园林的不能当上市公司老总呢？如果得不到配置社会政治、经济资源的本事，我们空有治国的愿望，空有改变国家的愿望，但却没有这种能力，没有这种权力，你如何改变？所以我一直在呼吁，大家不要只想着去当个设计师，我们需要管理者，我们需要运营者，我们需要策划者，我们需要身居高位的人，我们需要掌握巨大社会财富的人，来自于我们这个专业。哈佛大学最大的一笔捐款来自于一个香港地产开发商，3.5亿美金，就是因为他的父亲曾经是哈佛大学公共卫生系的学生，3.5亿美金捐给了这个学院。如果再过三十年，清华大学最大的一笔捐款来自于风景园林专业的毕业生，那是什么感觉。所以看待我们专业责任的同时，我们必须知道，掌握社会资源、配置社会资源也是责任，身居高位也是责任，掌握财富也是责任。因为只有在穷的时候谈财富是钱，在一个发达社会，财富不是钱，财富是责任。当一个人拥有巨大财富的时候，他要肩负对这个社会巨大的责任。你看比尔·盖茨有没有社会责任感，巴菲特有没有社会责任感，越是有钱的人越有社会责任感，而且他会把钱用好。只有那些暴发户、土财主整天把钱放在家里、放在麻袋里、沉在水缸里，那只是过去的一个现象，我相信你们这一代获得了财富一定不会比巴菲特做得差，你们一定比他们做得更棒。而且你们是风景园林专业毕业，你运用权力一定更加到位，更加高效，我们必须掌握这些东西。你不掌握配置社会资源的权力，你就没有办法承担你的责任，这是我的看法，必须有这种雄心壮志。

能不能评价一个景观，我个人认为是可以评价的。从四个方面评价，首先是地域性，地域性包含了风土人情、文化特征，这些都是地域性，设计必须有地域性，否则的话就是千城一面、千篇一律。包括西方人过来做设计，看着很新颖，他也无非就是把他们成熟的一套方法往这儿一放，他们也不是为你量身定做的，只是你现在看得少，你觉得新颖，很快大家就会觉得乏味。为什么？因为那个人到各地去做都是一个模样，到时候大家就会觉得真没劲，走到哪都是他的东西，走到哪都一个样，所以很快就会从新颖变成无聊，变成无趣。

人的本性非常重要。我们设计的对象是人，所以对人的尊重，对人的体贴，给人的参与性，让人发挥自己的才智，跟自然互动，这些非常重要。

生态性同样非常重要。我们必须对生态负责，从大的生态环境，到小的生态做法，而且应当尊重生态的多样性。节能、绿色、低碳、经济性也是我们的责任，因为我们触碰的是土地，背后有大量的产业、业态、就业、价值等，这也是为什么有那么多人花重金让我们去做景观设计，一个"贵"字代表了我们过去十几年做的所有景观。

风景园林的职业道德，我认为职业道德是两方面的，一方面是跟我们的合作伙伴、同行之间的职业道德，另外一方面是作为一名从业人员对社会的职业道德。在同行里面存在合作与竞争，合作有合作的游戏规则，竞争有竞争的游戏规则，这里面都含有道德的成分。所谓的道德就是一个让大家能够互利共生的准则，我们以前总把道德放在一个无私的高度去看待，那个私是什么？虚荣心也是一种私，道德应该是尊重私心的前提下再来谈道德，就是我有私心你也有私心，你要保护你的利益正当，我保护我的利益也正当。只有我们俩共同遵循规则，才能够让我们俩的利益都得到保护，而不是我占了你的利益，或者是你占了我的利益。人怎么可能没私心？我们为什么有亲情和友情，友情和亲情就是私心。当你有利益集体的时候，你就是有私心的，你要去保护你的家庭，这就是私心，而且很正当。所以我希望同学们不要把道德跟无私划等号，而且是在有私的前提之下，尊重私的前提之下去想怎么能够让大家利益都得到起码的尊重和保护，而且大家都有发展的权利，有保护自己利益的权利，所以我们需要规则，能够让大家不去伤害彼此的规则。从这个角度出发，我们就能够理解道德，道德不是无私，道德是规则。

对人的尊重是非常重要的，同样被尊重的感觉也是必需的，当然这种需要不能够被夸大，不能够建立在作践别人尊严的基础之上，被尊重的愿望本身应是一种正当的愿望。

向社会负责。如何向社会负责？我们应该把自己放在一个大社会的前提下去看待问题，例如中央公园为纽约市民提供了一个逃离城市喧嚣、回归自然、放松休闲的美好场所，如果仅从这个角度去描绘中央公园未免太小家子气了。应该说是中央公园确保了纽约的国际地位，中央公园使得社会精英能够留在曼哈顿，从而激活了曼哈顿的文化，保住了曼哈顿的交易市场，使曼哈顿真正成为世界的政治、经济、文化中心。政治中心——联合国就在这儿，每年的联合国大会各国元首都要去，它绝对是世界的政治中心；经济中心——两大交易市场；文化中心——美国的文化几乎都来自于纽约，我们看到所有的百老汇喜剧都是来自纽约。我经常开玩笑说，在电影里被毁次数最多的就是纽约，纽约曾经被狂风刮过，被海水淹过，被外星人炸过，但为什么不毁底特律，因为底特律根本就不值得被毁。毁纽约就象征着人类完蛋了，文明消亡了，它已经成为了地球的代表、人类文明的代表。但是如果没有中央公园，纽约就是一个缺少吸引力的地方，所有这些中心都将荡然无存。同样是曼哈顿，中央公园带来的地价上涨和房地产税收都是惊人的，所以中央公园确保了纽约政治、经济、文化中心的地位，而且创造了巨大的财富。

关于未来的方向，也就是风景园林师未来的发展方向，我们必须得看到信息时代的一些特点，因为信息时代一切都是在加速发展的。例如我们这些"60后"，我们上学时渴望获得知识，于是想尽办法去搜罗知识，现在你们还需要想尽办法搜罗知识吗？今天你们想要了解什么都可以买到书或是在网上查到，你们不存在想尽办法去获取知识，你们最大的挑战是做判断，去判断这些知识里什么是对的，什么是错的，什么是真正的有前瞻性、有价值的。而我们那个时候能得到知识就不错了，我们到了 50 岁才开始琢磨这些事要去做判断，而你们在 20 多岁的时候就已经开始做判断了，这就是你们最大的优势，也是你们最大的资本。

我最后说几句，我认为将来的发展是价值观牵引的发展，如果说农业社会是建立在丰衣足食基础上的发展，而工业社会则带来了物质的极大丰富，这两点都已经过去了，我们已经得到了物质上的极大满足了，将来是以价值观为导向，真正牵引这个社会发展的是价值观，是认知，是认同感。到那个时候，我们风景园林师的角色就会变得更加重要，因为我们在影响社会的价值观，我们在牵引别人，我们也必然因为这样的定位而重新成为主导社会发展的重要人才！

我今天啰啰嗦嗦就先讲到这个地方，谢谢大家！

第二部分——互动式交流

杨　锐：　非常感谢马老师慷慨激昂的演讲，我想先把时间留给我们在座的同学。

学　生：　马老师说现在物质已经极大丰富了，但是您提到了iphone，人们还是对它疯抢，这个例子是不是有点矛盾？还有您说到高速公路设计，我觉得现在高速公路的密度可能还不够，通行目标还没有达成，所以以美化程度不足。

马晓暐：　我理解，但是买iphone的人们实际上追求的是品牌，iphone绝大部分功能其实在其他手机上都能实现，是冲着品牌效应。而品牌背后是它象征的社会地位，所以人们买的已经不再是虚荣心了，而是一种社会地位的象征。人们已经在追求功能之外的东西了，这是当物质极大丰富之后才有的一种现象。

至于高速路，咱们国家的高速路到今年已经突破了十万公里了，咱们的高速路通车里程已经跟美国完全一样了，而我们国家人口的分布跟美国是不一样的，我们是集中在一个区域的，也就是说在沿海的东部片区，我们的高速路密度比美国的整体密度还要高。从这个意义上讲，中国已经不存在继续大幅度增加高速公路的可能性，我们该修的高速公路已经绝大部分修完了。

杨　锐：　我们还是围绕今天的课程主题，一个是社会责任，一个是职业道德，看看还有没有什么问题。我也请马老师巡视一下我们在座的诸位，您觉得有多少人眼睛是有光的，有多少人眼睛是没有光芒的。

马晓暐：　我觉得基本上都在发光。

杨　锐：　第二个问题是您公司里的从业者、设计人员，眼睛发光的比例有多大，什么时候发光，什么时候应该发光？

马晓暐：　我觉得一半吧，一半是不发光。我们公司也没那么大，全加起来一百个人左右，波士顿分部人比较少，大家都还是很专注的；像上海的话，在我身边的一些年轻人都非常地投入和专注。但是当公司大到一定程度的时候，你还是需要很多人，他们就是干事的，原来我非常渴望让每一名员工的眼睛都发光，但是现在我基本放弃了这个愿望。打个比方，你是一名雕刻家，你在雕一棵树，你花了很大力气去雕，突然发现它是空的，然后你就觉得前功尽弃，那种感觉特别难受，而这种感觉我已经反复出现了太多次，以至于我现在想下手雕一块木头的时候，我会非常慎重，因为我真的不知道我会不会再一次伤心。

杨　锐：　您指的朽木主要是哪些方面？

马晓暐：　主要是芯。

杨　锐：　社会责任和职业道德是不是这个芯？

马晓暐： 我觉得芯跟眼睛发光是一码事，一个人在年轻的时候是需要被点亮的，所以我觉得大学的作用就是把一个人点亮，点亮就可以了。知识是会过时的，技能是会过时的，但是当一个人被点亮以后，他自己就会发光，他自己就能够获取知识。

杨　锐： 您觉得您是什么时候被点亮的？

马晓暐： 我觉得我是被很多人点了好几次才点亮的，我上大学的时候是孟先生点亮了我。他当时把我点了一下子，然后我着了一下，但又因为各种各样的原因一下子被扑灭了。

杨　锐： 当时是什么样的情境点亮了你一下呢？

马晓暐： 我自己跟中国园林有很多缘分，我长大的地方就在北京理工大学，夏天在昆明湖游泳，冬天在昆明湖滑冰，年轻的时候被北京周围的三山五园感染过。之后被孟先生的很多理论激活过，他讲的很多东西都说到我心里去了，可当时懵懵懂懂不知道怎么回事，虽然对这些东西很向往，但是其他的冷水一泼过来就给泼灭了。后来去美国的时候才重新被点燃，我记得第二次被点燃应该是在 Sasaki 的时候，很荣幸，因为我是第一个去 Sasaki 的大陆人。1993 年的时候，Sasaki 的大师都还在，他们的言谈举止，他们对人的关注让我非常吃惊，然后跟随他们做项目的时候再一次被点燃。这两次被点燃对我而言受益匪浅。

杨　锐： 当风景园林师的价值观和决策者的价值观不一样的时候，一个职业的风景园林师到底应该怎么做？

马晓暐： 我个人是这样建议的，我们不能够非常直白地去理解对方，而要采用一种合作的态度和善解人意的角度很智慧地去化解这些很直白的东西。打比方说，在设计过程中我被领导告知，这个水岸、这个岛能不能做成一条龙，这个时候怎么办？你是说不行，绝不能做成一条龙，还是说可以，我就把它做成一条龙？我觉得这两个回答都不对，因为你和领导说不行，坚决不会做成一条龙，项目可能就丢了，然后领导换了一个设计师真做了一条龙，不也完蛋了吗。我们不能被替换出局，这是大前提，因为替换完之后新的设计师很可能不如我们，很可能就把一条龙给做出来了。那怎么办？我的答案是对市长说："我完全理解您的出发点，您是想在这个水岸上添加一个主题，而这个主题能够吸引更多的市民，您的目标是增添城市活力，我完全赞同这个出发点。我认为花这么多的钱在开展这么大一个项目，必须这样做，而我们会找到一个恰当的形式，或许不是条龙，但肯定能达成您的目标。"当你这么说的时候，绝大部分甲方会说没问题，因为他觉得你理解他的初衷了，你赞同或者理解他的初衷，他能接受你拿出一个不一样的解决方案，毕竟你是职业设计师。然而，如果你说好就做一条龙，甲方心里边立刻就把你看低了。因此，这种情形是有解药的。

　　甲方提出一条龙是因为他不专业，但是他必须得表达诉求。他说一条龙只是为了表达一种愿望，而不是真正要一条龙，他不可能说得很专业，但如果你嘲笑对方不专业，就只能说明你也不那么专业。所以，这个问题就是针对沟通的技巧和沟通的办法，只要沟通到位，我认为是可以顺利引导甲方的。

杨　锐：　　　您的这种沟通技巧，是屡试不爽还是偶尔才会成功呢？

马晓暐：　　　我只能这么讲，成功的比例越来越大，而且我发现，即便是到一些比较落后的省份去，领导心里面的接受程度之高让我惊讶。就是我内心以为他们经济落后本不应该接受这么新的理念，但我突然发现我错了，他们其实完全能够接受，所以我很乐观地看待这个问题。

杨　锐：　　　您刚说到了价值观导向，我想问一下您的价值观，您的生活价值观和风景园林价值观之间，有没有一致的地方，有没有不同的地方？

马晓暐：　　　我的核心价值体系的建立就在于刚才我说的两大属性的交替，那是我建立自己价值体系的关键，它确定了我看待风景园林的角度，也是我博士论文的一个题目，也是我这十几年来的研究。包括我上次来讲瓷器，其实讲的还是价值观，讲的还是东西方文明对价值观的影响，所以我一直认为风景园林价值观就是社会的价值观，这两个是一体的。因此，我认为东西方园林本质上最大的差别就在于东方园林是用来生活的，尤其是中国园林，它跟日本园林本质上是不一样的，它跟伊斯兰园林本质上是不一样的。而恰恰是西方当代园林正在学习这一点，并且青出于蓝胜于蓝。我们今天看西方园林，对生活的融入，对自然的再解读，有的比我们做得还好。比方说泪滴公园，它释放自然做得非常到位，而且可参与性的融入，创造性地与自然结合，做得非常到位。我认为它是当今新中式里面的杰作，是外来的新中式，是脑子里面没有"中"的新中式，这才真正是新中式。我觉得泪滴公园是一个没见过中式园林的人做的新中式，而且在设计的时候根本就跟中国没关系，但是它的核心思想跟中国园林是完全一致的，这就是最巧妙、最有意思的一点，也是最好玩的一点。

杨　锐：　　　正如您刚才所说的价值观，包括职业的价值观和生活的价值观，那在您整个的从业过程中，有没有违背过您的价值观去承接一些项目，或者在做的过程中心不安但还是把这个工程做完了？

马晓暐：　　　肯定有。我们在过去的这些年里，做了一个"贵"字。坦率地讲，在做这件事的时候我是非常痛苦的，但是要想把一个企业创立起来，你不可能很清高地说"我不接，我一概都不接"。因为哪怕我接了，哪怕我做了，我认为我也比某些公司做得更好，从这个意义上讲，我宁可做。如果我不维持设计项目的量，我就无法达成那样的社会影响力，所以我需要那样的量，我需要那样的影响力，我需要那样的客户。至于我会不会违背自己的愿望，做一些违心的事，或者是令自己不安的事，在这过程中，我会眼睁睁看着它发生。我可能会挣扎，我可能会争辩，我影响不了它，我只能放弃挣扎。

　　　我曾经在苏州设计了一个园子，我花了两年的时间做这个园子，等到施工的时候，大家不能想象工期有多短，整个园子从无到施工结束只有两个星期。我印象最深的是最后一天的晚上，当时工人已经开始撤场了，而我还在场地上一脚深一脚浅地声嘶力竭地说："这棵树得给我拔了，这棵树得给我移了，这石头摆得不对，这石头再移过来点，这地方垃圾赶紧给我清了，这地方不能放垃圾砖头给我捡出去，垃圾袋给我捡出去……"喊的时候，吊车都已经开始收了，工人已经拒绝工作了，"不能收，把这石头给我移了！"我在那儿喊的时候，旁边站着甲方，我当时冲着他说不行，这个东西怎么怎么样。他甩了我一句话，他说："马总，您就别再说了，我们如果明天不验收，我们整个集团所有人的奖金全部扣掉。"他说完这句话我就傻掉了，我说那行，那就这样吧，我总不能坚持这个石头要移位，这棵树要拔了而让你们全集团被罚吧。我说那算了，就这样吧，以后再说吧，我就走了。我已经挣扎到了最后一刻，天已经黑了，吊车都收了，工人都要撤了，甲方都要撤了，那我怎么办？这种时候碰到过不少，但我们的专业就是这样一个专业，你宁可痛苦也要扎进去，因为扎进去才能改变，有的时候确实是很纠结的。

杨　锐：　　我问的最后一个问题是，您佩服的不管是中国的还是外国的，最具有社会责任感和职业道德，同时设计水平也很高的设计师有没有？

马晓暐：　　当然，有很多。像我最佩服的 Stu Dawson，Sasaki 早期的 20 世纪 50 年代的伟大设计都是他做的。彼得·沃克是一个战略家，他是老师，但是他本人不做设计，真正做设计的是 Stu Dawson，他对人的关注之深是我从来没有见过的。他当时做设计的时候，满嘴说的就是"人"，人从这儿下来怎么办，人走到这里怎么办，人怎么从这儿上去，人再往下走怎么办，都非常生活化的，我当时大吃一惊。我当时在想，原来设计是这么做的，我误以为设计是形态，是空间营造，是空间序列，而 Stu Dawson 提到的都是人。到现在我也变成这样，我在公司里也是这样思考，人从这儿下来怎么办，人从这儿下来之后看到什么，人必须得怎么样，都是跟他一样，受他影响非常之深。我认为他代表了那一时期教育出来的景观设计师，他们对社会拥有强烈的责任感。

我觉得今天很多设计师，尽管眼界没有高到那个份儿上，但是他的愿望在那儿。比方说绿城，我跟绿城非常熟，我给绿城做了十几个项目，现在还给他们做。绿城景观现在的负责人就是我带出来的，他原来跟着我做，后来去了绿城当了老总，我觉得他的眼界可能无法跟 Stu Dawson 去比，但是他的愿望是在的，他是想把事情做好，他是想给将来的使用者创造一个特别好的环境。虽然他设计出来的东西虽然还有一些问题，但至少心是在往那个方向走的。我相信再过五年、十年时间，他会做得越来越好。

但是也有一种人，为了做而做，完全什么都不懂，囫囵吞枣，完全是为了卖设计而卖设计，这种人是存在的。我认为，努力的人还是占主流的，只是他们手握的资源有限，受甲方的眼界所限，受社会现状所限，使得他们设计的东西相对于最高水平还有很大的差距，但是我认为他们进步的速度还是会非常快。

杨　锐：　　下面我们开始第二轮的开放式问答。

学　生：　　刚才您也提到了对于社会和行业的改变，您提到了社会责任，我想问一下，这种改变是温和的还是可以强硬的？第二个问题是学院派和实战派之间真的有那么大的差别吗？在学校里面可以书生意气，可以硬着脖子说话，但是到了公司里面，还有没有坚持的可能性。

马晓暐： 我是这样看，前两天我在描绘我们这个专业的时候，也用了一个形容的方法。我说我们这个专业像水，其他的行业像石头一样，我们这个专业是要在这些夹缝中生存，而且我们会磨炼其他的专业，会冲刷、渗透，也会咆哮。如果建筑是石头的状态，我们就是水的状态，所以我觉得该咆哮就咆哮，该一泻千里就一泻千里，该柔和就柔和，该钻空子就钻空子，应该是这样一种状态。如果我们把自己看做水，我们就会变得非常灵活，这种灵活给我们带来更多的机遇，同时我们也会有大动作、大声响。

至于说一个设计师在上学的时候有那样一种心境，走向社会后还能不能保持下来。我一直在事务所里面做事，我觉得现在确实很纠结，做开发商的项目，他们的目的是赚钱，我如何跟他们谈社会责任？你得把社会责任藏进去，你若直接说为了社会责任每平方米要增加两百块钱，他肯定会反对的，但是你可以把社会责任揉到设计里面去，他们就比较能够接受。

学　生： 那如果在公司内，比如说您的下属跟您提出了这种问题呢？

马晓暐： 还是看他的出发点跟愿望。设计师一个最大的挑战，尤其是我们风景园林设计师，和雕塑家、画家最本质的区别是什么？画家需要动用的社会资源非常少，所以他的个性可以非常张扬，但是我们用这种心态去做设计完全不行。我们的"画布"是独立的，我们的"油彩"是非常昂贵的社会成本，而且人是要使用它的，如果这个时候我们用画家的话说，我就这样，你爱喜欢不喜欢，那就错了，因为职业不同。其实设计是我们和甲方共同寻找解决答案的过程，所谓的对与错，也都是针对这个项目来评判的。

如果你到我的公司来，你是年轻设计师，我是公司的老总，你我的关系和对甲方的关系，对待设计东西的关系，其实是一致的。也就是说一个项目就是一个baby，那甲方可能就是它的妈妈，我是它的爸爸，你是它的叔叔，那你说这个baby该怎么办。你有你的看法，我有我的看法，三个人的看法，那这个baby该听谁的呢？什么对baby好，标准是baby，而不是你的想法或者我的想法，所以我觉得只要是这个大前提存在，就完全具备平等讨论的条件。但如果你就是坚持你的想法，你也不管这个baby，你也不听我为什么去说这个东西对baby好，那我很可能把你的想法给枪毙掉，因为我真正判断的是这个baby会怎么样，对我来讲，每个项目的标准都是不一样的，即便说都是我的孩子，老大老二也不可能是一个样子的，还是有差异性存在的。

杨　锐： 我们提出最后一个问题。

学　生： 我觉得您和我们在座的大部分人可能都算比较幸运的，都是拥有这个平台和机会的。但其实在工作中很多时候会发现，我们没有这样一个平台，我们周围的人，包括我们的决策者，只有很平庸的眼光，甚至是追求一些很平庸的价值观，这个时候年轻的设计师应该如何保持自我，并且尽可能去影响别人呢？

马晓暐：　　我的建议是追求百分之百，但是接受百分之七十，这是我的心态。也就是说我做一个项目的时候，我心中是有一个满分标准的，但是我坦然接受 70 分。这就是我们的专业性质，如果是一名称职的设计师，一定是一个完美主义者，眼里装不下沙子的，导角是圆的还是一个斜边的，他都会较真很长时间，因为对他来讲这都很重要，这就是职业病。但是当我们去做一个实际项目的时候，存在各种各样的局限性，你明明是想做成那样，结果却打了很多折扣，你接受不接受？如果你说的前提存在，人的局限性、领导的局限性存在，那你做了就要把它做得更好。我们这个专业必须得有韧性，为了能够得到一个好的成果，我们心甘情愿也就认了，实在不行才会放弃。但是我们不能轻言放弃，我现在发现最大的问题是太多的人放弃得太早，让我很痛心。例如很多年轻设计师，明明上了一个项目，连这个项目都还没出完施工图呢，就辞职跑到另外一个地方高就去了，他觉得他的能力上升了，他觉得他需要换平台了，他的愿望是更高。但是他连停在这个地方把一个项目跟完的耐心都没有，然后又换了一个地方，这种现象很多。

有一个设计师，本科不是学这个专业的，在哈佛上了两年的硕士，毕业之后直接进我的公司，一年以后就跳槽走了。什么理由呢，其他公司给他搭建一个六个人的团队，但我的看法是，他连设计的过程还没摸清呢，就想直接带团队了，我就觉得实在太快了，这不行。其实我觉得大家可以抱怨一切，但是内心里的那样一份坚守是最重要的，每每碰到困难的时候，那才是需要坚守的时候。当你遇到一个困难的时候，一个坎的时候，你如果咬住牙过了这道坎，你立刻就提升了一个档次。但是绝大部分人碰到坎的时候是绕过去，或者放弃，他永远停留在一个岗位上。我看到太多的设计师，明明还是有些才华的，但是停在了那个水平上，这种现象非常普遍。如果这个现象出现在在座的各位身上就太可悲了，这种设计师恰恰是有才华的设计师，他们寻找快感的过程很短暂。比如一个设计师的策划能力非常强，脑子很快，很容易出一个方案，他出一个方案就立刻被赞赏，别人就会说画得真好，那他就获得快感了。获得快感之后要往下走，这就牵扯到施工工艺、材料、其他配套知识，包括交流、组织，这时候快感就没了，开始碰到问题了，其结果可能是开始出现挫折感。而他碰到挫折感的时候他又回去干他的老本行了，就是重新画方案去，然后他一画方案，立刻又是被赞赏，又是快感，然后他每每往前走又是挫折感。其结果就是人到了三十岁，房子也有了，房贷也背了，孩子也上学了，突然发现自己在公司只会干这点事，这种情况在我眼前大量存在。所以大家碰到那种挫折感的时候，你一定要知道，那恰恰是你的机会来了，只有越过那道坎，才能够真正站到一个新的平台上。

杨　锐：　　由于时间的关系，我们的问答环节就到这儿。我今天听下来，关于社会责任和职业道德是个很虚的题目，但是马总讲得非常生动活泼。那么到底怎么做，这是很重要的,哪一位同学能告诉我到底怎么做?实际上我觉得当你拿到一片土地的时候,在你面对这片土地使用者的时候,你能够做正确的事就是责任和道德。对于那一个人,在那一个时间,怎么样做正确的事情,如何让这些正确的事情变成现实,这可能是需要我们每个人去磨炼的,需要像一颗种子放在心里,需要待它逐渐去发芽的。再次感谢马总今天精彩的报告。

---

① 施一公于 2016 年 4 月不再担任清华大学生命科学学院院长。

第二讲

注册风景园林师制度

主　　讲: 李建伟
对　　话: 杨　锐、李建伟
后期整理: 马之野、叶　晶
授课时间: 2014 年 9 月 28 日

李建伟

　　当代知名景观规划设计师，"景观生态统筹城市"的践行者；美国注册景观规划师、美国景观设计师协会（ASLA）会员。

　　李建伟先生 1995 年获美国明尼苏达大学景观艺术硕士学位，1996 年加入国际著名规划设计公司——美国 EDSA；2006 年归国，带领 EDSA Orient 团队打造出亚洲景观设计行业的知名企业。现担任东方园林景观设计集团首席设计师，东方易地（East Design）总裁，中国建筑文化研究会风景园林专委会会长。

第一部分——授课教师主题演讲

杨　锐：　　我们第二讲的题目是"注册风景园林师制度"。这一讲我们有幸邀请到了业内非常知名的专家，他也是在非常繁忙的工作中抽出时间给我们备课和讲座，我们请到的是东方园林首席设计师，EDSA东方总裁兼首席设计师李建伟老师，大家热烈欢迎。李老师1982年毕业于中南林业大学，获得了林学学士学位，他在生态、植物方面有非常扎实的基础。1984～1985年在湖南师范大学艺术系主修美术，他从生态又到美术，然后1985～1986年在湖南大学建筑系主修建筑学，又跑到生态和美术的结合点建筑学这边学习了两年。1995年毕业于美国明尼苏达大学，获得景观艺术硕士学位，在美国执业多年，是美国注册风景园林师，在中国也拥有二十多年的实践经验。他凭借自己的专业实力成为了EDSA合伙人，赢得了诸多国际荣誉。下面我们以热烈的掌声欢迎李建伟老师给我们做讲座。

李建伟：　　谢谢杨老师的介绍，讲风景园林注册制度应该是一件相对简单的事情，但是因为这个事情在中国还没有正式开始，所以大家可能还不太熟悉，但是在美国已经实行了将近50年，所以非常成熟了。要把这个事情讲清楚，实际上也就几分钟的时间，今天主要是来跟大家一起讨论咱们中国的风景园林注册制度该怎么走，因为这对我们来说是一个新东西，我们根据中国的国情以及现状条件，多讨论一些，也多听听你们新生代的建议。不能都是我们这几个老先生们说了算，杨老师比我还年轻，我们属于老先生了，对于这件事情的认识还是要多吸收不同的意见，特别是清华的同学们，你们多提宝贵意见，这对于注册制度我觉得应该是有益的。

　　　　因为我在美国是注册风景园林师，所以前半部分我还是想说一说美国的注册过程，注册以后有些什么样的责任，有些什么样的法律来管理这个注册制度，以及我们这个行业对注册制度的一些认识。我想跟大家分享一下我个人的一些体会，主要是大家多参与、多发言，你们准备好一些问题，我来给你们解答，大家一起来讨论是最好的。

　　　　对于这个行业的发展，它是在不断壮大的，成长过程中要经历很多的起起伏伏，从幼稚变得成熟。这个过程是很漫长的。我记得刚刚入行的时候，1982年，大学毕业以后，中南林业大学成立了园林专业，然后把我留下来当老师。那个时候咱们这个行业基本上就是没有，因为社会上没有注册的公司，基本上只有一些小型的园林施工队。学校里面的学生也好，老师也好，做了些小小的院子，然后农民组织一个小小的施工队帮你给实现了，很多施工队还属于园林局管辖下的施工队，所以整个行业体系基本上不存在。到20世纪90年代以后，很多私营企业开始发展起来了，很多的房地产也开始起来了，很多城市的发展也需要建很多公园，整个行业逐渐地发展了起来。所以说这个行业的发展很大程度上有赖于房地产。你们不要很反感房地产，说实在的，我们这个行业真是房地产给带起来的，发展过程中房地产起了非常大的作用，很多小公司为什么能够生存，就是因为有房地产的项目。如果只有公园，只有公共项目，由园林局的这些部门给统管了，私营企业根本起不来，这是我们行业发展的一个状态。

一个行业发展到一定的程度以后，就会出现很多的竞争，我给大家讲一点我个人的体会。EDSA在中国已经十多年了，最开始我们来到中国的时候，收费是什么样的标准？每平方米大概35块钱到40块钱，那是2000年左右。然后到2005年左右，我回到中国的时候，已经降低到大概是30块钱左右，有时候稍微少一点，看项目的大小。你们知道现在收费的标准是什么样吗？我前不久到贵阳去参与一个项目的竞标，我们想这个项目尺度还比较大，就报了25块，这是我们的最低收费标准了，结果人家说你这太贵了，25块怎么行？甲方跟我们说另外一家很大的上市公司才报了18块，从25块一下到了18块！最后我说要跟他们竞争，他们是上市公司，我们也是上市公司，不能为了一点钱就把这个项目给丢了。我们要拿这个项目，结果我们也报18块，他看到我们报18块以后他报到13块，就是这种恶性竞争，没有底线。大家为了拿项目，甚至有很多时候是没有标准的，先把项目拿到手再说，挣钱不挣钱以后再去操作。这就导致了很多好公司拿不到项目了。你想好好干你还真干不了。你想走完整个设计程序，把项目做得非常精致，你没有时间，也没有财力，你没有这么多的资源去做好的设计。这是第一个非常重要的问题。第二个带来的问题是，这种恶性竞争导致很多好公司没活干了，越好的公司越没活干，那么这个行业会走到什么样的状态，你们可想而知。你们毕业后都想进好公司，但是你进了好公司没活干怎么办？都是那些小公司，不要成本的公司来拿项目，他们把这个项目做得非常烂。你想把它提高都没有办法，这个行业的竞争已经到了非常白热化的程度。所以我们要谈注册制度起一个什么样的作用，就是要制定一个相对比较高的标准，没有这样的标准你是不能执业的，不能随便什么人都能够做设计，什么专业的人都能插到这个行业里来，那么这个行业就乱，这个行业就没有标准了。

所以行业发展到一定程度必须要设置一定的门槛，设置门槛以后，你才能够知道标准是什么，不是什么人都能够在这里干活的。要有一定的知识，要懂一定的法律法规，要有一定的职业素养，要有一定的技术能力，你才能够把事情做好。这就是我们做职业注册制度的一个非常重要的立足点。

只有把职业的标准定下来以后，我们才能够控制市场。当然，也有人说设置这个行业标准以后会带来所谓的垄断，垄断这个词在商业领域用的到处都是的，美国有反垄断法，中国现在也有反垄断法，这个行业既要满足社会要求和行业标准，同时又要规避垄断，所以在做职业制度的时候，也要考虑两方面的问题。我在美国考注册景观师考了四次，每次都要准备非常多的资料，要整个全部过一遍。我前面三次就是考不过，考不过的原因一方面是语言有问题，另外一方面你是外国人，没在美国生活过，很多他们认为是常识性的东西你不知道。比如螺丝钉，螺丝钉在美国分成很多级，一个钉子分成很多级，我们这里哪有那么多级别。在美国那个行业已经发展到了极高的水平，全部的木材都有等级，都有尺寸，都有叫法，我全都不知道。所以很多这种平常大家认为是不用学的东西，你都要去认真学习才能够把事情做好。还有一点，我不光是那些东西很多不知道，你的教育背景也导致你关注的东西跟他们不一样。我认为我是对竖向设计了解得最多的人，我在林业院校的时候已经学了很多测量学知识，我在美国上研究生的时候，当过两届竖向设计的助教，而且我认为我的竖向设计是可以艺术化的，我知道怎么样摆弄这几个等高线，把它变成一个很漂亮的一个地形来做设计。但是我考了两次才通过，非常没面子。我认为我的设计是非常好的，我在 EDSA 应该是合伙人里做设计最好的，但是我考设计考了三次才通过，为什么？他根本就不考你的设计，他就考你设计里面必须遵循的原则，不会危害大众，不会损害公众健康，会给大家带来福利等，就是所谓的基本标准，而不是考你设计有多好。考你设计有多好，他们那些评分的人根本就评不出来，没有人具备那种最高的水平，这个设计比那个设计好，评不出来。所以考试是一门非常有讲究的学问。不展开了，我们以后再讨论。

注册制度是为提高行业的标准而设置的基本门槛，是让我们协力合作，良性竞争的手段，所以我们需要有注册制度。

注册制度我们说完了，很需要，而且确实再也不能等了，再等下去我们这个行业会把自己搞垮。没有注册制度你什么也实现不了，也发展不了，有了注册制度以后我们才有了基本的保障，行业才能够健康地发展。那么如何来搞这个注册制度呢？关键的目标是界定什么样的人才是景观设计师，这点必须搞清楚，所以风景园林师要有一个明确的定位，这些人是干什么的，他们有什么样的能力，他们服务于什么样的社会，他们做什么样的工作，我在这里列出来，大家可以探讨。

首先是自然保护，以前美国早期的建设，基本上一半的风景园林师都是为美国自然保护区管理委员会工作，包括彼得·沃克，他以前也做过很多自然保护区方面的工作，所以保护自然在美国风景园林行业发展的早期是最重要的市场，资源保护到现在还是我们行业很重要的一个部分，大家千万不要忘记。虽然说是房地产把我们给带起来的，但是保护自然资源，保护国家财富和文化积累，保护城市的历史人文，都是我们的职责，这一方面应该得到加强，应该更多地融入到我们的工作之中。注册考试可以首先围绕这一点来进行设置。

第二个是开发建设，现在中国是全世界最大的市场，大量的城市建设都在我们手底下拓展开了，对于我们来说是个机会。但是怎么样把这个事情做好，怎么样让我们的工作不危害社会的安全，不危害人们的福祉，做出优秀的作品？大家听我这么说，觉得风景园林好像没什么太大的危险，其实我们做的很多项目都对资源造成了破坏，给生态环境造成了灾难，只是我们现在还不知道。我在设计院这么多年，看到了非常多的规划项目给我们的资源带来了灾难，我觉得责任更多的还是在设计和规划。我看到有一些城市的规划把湿地占了，把河道改了，一些高速公路、新区开发，把森林破坏了，把溪流破坏了，使得这个城市失去了蓄水功能。所以一个风景园林师一定要懂得怎样去搞开发建设，懂得怎样去保护生态，懂得怎样去创造一处供人生存并带来享受的空间。这是我们第二个重要的职责，保证了这两个方面，我想我们就能成为一个好的风景园林师。

风景园林这个行业很重要的一点，还要搞清楚我们究竟是干什么的，大家都是研究生了，很多人在行业里已经工作过一段时间了，应该有不少感悟。但是大家都知道，搞风景园林离不开艺术，设计离不开艺术，所以说风景园林是艺术。这里分享一点我自己的体会，不是很成熟的体会。前不久我写过一篇小文章，怎么样来理解风景园林艺术，当然这跟注册制度没关系，我是借题发挥。我认为我们以前过多地强调了风景园林设计是为了美，为了遵循美的原则，为了创造美的环境，为了创造美的形态，为了创造美的空间，其实这是一个很大的错误。原因在于做风景园林设计的过程中，要遵循很多美的原则、色彩的原则、比例的原则、空间的原则，但是为什么有很多人说你做出来的东西太丑了，一点都不好看，一出去汇报别人就不通过，原因是什么？因为美是一个太虚幻的东西，如果说我们只以美作为我们的目标，作为设计的宗旨，就让大家都感觉很郁闷、很困惑。所以我认为设计不只是朝着美的方向去创作的，但是设计一定是朝着心灵的方向去创作的，一定是感悟。设计是一个感受环境、感受心情的艺术，所谓情景交融，任何风景都是能够表达心情的，能够表达情感的。所以说当你跟甲方去谈，这个产品我创造出来是为什么，是让人在里面享受什么，在里面活动什么，在里面工作什么，在里面创造什么，那么甲方就很容易接受你的设计。为什么我们要去沙漠，为什么我们要去大海，为什么我们要去森林，为什么我们要去那些很静谧的地方去放松自己，就是因为我们需要那种心情，所以风景跟心情是联系在一起的，它是一种情感的表达，而不是为了艺术而艺术，为了美而艺术，这是我的一种理解。

风景园林是一门科学，里面有很多的内容，我们不能把它单独看成是艺术。它是一门生活的艺术，它的接触面非常广，跟地理学、生态学、人类学、社会学都有交集，这些科学构建了风景园林的基础，所以风景园林具有科学属性。同时它还是一门技术，例如，我们要做好风景园林，就离不开 CAD，离不开 GIS，离不开很多的工程技术，离不开材料，必须要掌握这么多的技术才能够成为一名好的风景园林师。

这四个方面统和起来后，我们才能够界定风景园林师应该干什么，应该怎样工作，要具备什么样的技能，应该怎么样服务社会，才能保证这个行业达到一定层次和水准。

我们从事的工作其实也非常多，我这里罗列了一些，是想让大家知道要成为一个好的风景园林师，需要从这些方面去理解我们从事的工作，它跟社会、资源、日常生活息息相关，这里就不展开讲了。我想大家也需要了解一下从过去的风景园林到现在的风景园林，以及将来的风景园林，会是一个什么样的发展轨迹。我认为过去是非常单一地设计公园、花园，逐渐延伸到设计城市，现在我们已经成为面向整个社会，整个国家，甚至包括整个地球的事业。说到这里我想跟大家提个醒，我们一定要有更大的国际视野和环境视野，这样才能够真正抓住我们这个行业的未来发展趋势。把视野放大以后你才能更深刻地认识到每一个项目所承载的社会责任、自然环境保护功能，以及人类的生活这些要素，这是我们对行业的认知。

对于这个职业的发展历史，我也以美国为例，行业发展于20世纪初，1899年成立了美国的景观设计师协会，到现在也就110多年的时间。在这个过程中，前面的50年其实是非常缓慢的，从奥姆斯特德做了纽约中央公园，后来做了波士顿的翡翠项链、芝加哥绿地系统，以及Sasaki在美国做了很多经典的公园项目，一直到20世纪50年代，行业并没有太大的发展。基本上还停留在公园庭院这样的一个范畴：有一些政府不需要的地，有一些开发商认为是边角料的地拿来做景观，来做公园和一些游乐场所。而这个行业的理念过去一直停留在英国自然式风景的思维里面，所以我一直认为，诗意栖居是一个旧时的提法，它是从英国风景园那套思想理念发展出来的，而且在很长时间统治了西方园林传统造园模式。其实现代艺术已经发展出了很多流派、思想，并且延伸到了我们这个领域，极简主义也好，现代主义也好，解构主义也好，都改变了我们行业的设计理念，它已经不再是所谓的诗意了。诗意的居住、诗意的设计是一种比较传统的、写实的生活方式，是一种有情调的乡村生活。你们作为研究生、博士生，应该对这个东西有所了解，有所甄别。

到了20世纪50年代，美国才开始考虑注册制度，最初也只有几个州实现了注册制，一直到我回到中国，2006年的时候，美国才基本上实现了全美注册制度。因为美国是一个联邦国家，每个州的法律都不一样，是否使用这套注册制度还必须由州里面决定，所以他们的注册制度虽然也有全国考试，但最终要在每个州里面注册。我从美国回来之前，大概还有五、六个州，包括科罗拉多州，那时候还没有注册制度，连密西西比那样重要的州也是很晚才实现注册制度的。注册制度可谓是一波三折，经历了很长时间才发展到今天，现在全世界很多国家和地区都有风景园林注册制度了，美国、加拿大、墨西哥是一体的，统用美国的注册制度。也有很多欧洲国家，包括英国、德国、法国、意大利都拥有注册制度，中国香港、中国台湾也有自己的注册制度，日本也有。可以说注册制度已经成为了一种全球化趋势，所以说我们必须赶上时代的节奏，好好地把这个事情做起来。

前面说了这么一大堆，重要的是如何能够提高整个行业的水平，实际上注册是一个比较简单的程序，但是这个程序需要做很多的准备工作。这里有社会问题，是一个行业的共识，需要大家齐心协力。最后我们研究出来一些规矩、原则，然后应用到所有的细节里，让注册制度顺利实现。

最重要的一点是法规，很遗憾，咱们国家在这一点上面是最难的，在没有相关法规的前提下搞注册制度，是我们中国的特色。在西方我所知道的国家，包括美国，他们最初要实行注册之前，首先得设立一条法规，英文里面叫bylaw，翻译为法规、条例。它跟那种正式的法律还有一点点距离，但是也具有跟法律相当的执行力，这是先决条件，有 bylaw 之后才能指导我们进行注册制度。在中国实现立法需要通过人大常委会，难度非常大，我们现在实现的应该叫行业自律。行业自律就是行业先自己树立标杆，把架构搭建起来，政府提供咨询，当出现问题时，政府可以纠错。没有法律就会牵扯到一个问题，将来如何对违规的人进行惩处，惩处一定要有法律依据。当然这个东西大家可以继续讨论，逐渐地把注册制度跟国家法律绑定在一起，将来立法之后，就更好管理这个事情了。

另外，现在国内有很多学校开设了风景园林专业，听说有 200 多所，而美国只有 60 所，我们行业比别人大了很多倍。有这么多专业教育机构，但我们现在还没有专业论证，这也是一个很大的问题。在美国有一个专业论证，毕业生要参加风景园林注册考试，必须是经过了专业论证的院校的毕业生。这个论证体系在美国非常严格，美国风景园林学会组织了一批专家，对每一个专业院校进行论证，专业设置的是否合理，哪些地方需要改进。只有得到了专家的签字，你的学生将来才能够参加注册考试，这一点在我们国家目前也没有。我们要实现注册制度，就面临着这个很大的漏洞，不同院校的专业教育水平是一个很重要的考核指标，这件事情通过政府来抓不大可能，也只能通过我们行业来进行一些论证。这个论证的好处就在于让我们的学校能够培养出这个行业真正需要的学生。这个论证也会对老师以及课程设置进行评估，不能没有标准，没有规矩，然后培养出一批学生出去以后什么也干不了。有很多学校培养出来的学生只知道那两把刷子，他们根本就不知道这个行业应该干什么，做任何设计全是一个模式。所以对于这种状况，确实需要进行行业评审，让专业教育走上正规，培养好的学生。在我们行业里，如果有好的毕业生，我们设计院会轻松很多。

另外还要成立一个委员会，美国叫 CLARB，这个委员会是非常重要的。我们现在已经开始搞这个事情，我们行业里面要自律，要搞注册制度，首先应成立这样一个委员会，它就能统领协调，落实推进注册制度的内容。在美国这个委员会是相对固定的，而且都是自愿参与，我们现在也是自愿参与，都是为了这个行业的发展做出一些贡献。

然后是考试，考试就比较技术化了，我跟大家讲讲美国的考试，真是成熟。我考了四次，基本上这四次里面没有重复的题目，可想而知那个题库有多大，这非常了不起。我之前还研究了很多老题目，看了很多参考资料，那些老题目我也基本上都能够背得出来了，但是我考试的时候基本上没有遇到重复的问题，而且每一次考试都有新的题目源源不断地输入进来，有很大的团队在为这个事情服务。

我在美国有一个老师，他就参与注册考试的出题工作，他说一个题目要最后应用到考试中，需要经过很多人的检验，组织学生去试着做，而且还要有不同的老师去评判对错。这道题要拿进考试之前，还要经过很长时间的论证，绝非一拍脑袋就想出的题目，要让别人花功夫付出的努力不白费。这个考试在美国分成四个部分，基本上都是作为一个景观设计师的要求，与我们从事的工作完全相关，跟资源保护和开发建设也完全相关。

我是 2000 年初注册成功的。20 世纪 90 年代以前，考试里有很多题目是画图题，需要人工阅卷，那时候他们认为你要是画出来的东西很差，你设计肯定就不行。但是在我考试的那个时期，画图就开始逐渐减少，原因是做图题需要很多的人工阅卷，他们受不了。人工阅卷还存在一个问题，一张卷子需要三个阅卷人，因为每个人的眼光都不一样，如果三个阅卷人出现了争议，还有另外一个最高级的阅卷人做最后定夺，搞得很复杂。如果中间环节出现什么问题，会有很多的反卷，例如把成绩交给学生之后会有很多人不服，需要花费很多的时间和精力来对付这样的情况。最后这个反卷成功的人还挺多，于是美国人说不能这样下去了，然后考试题目变成了问答题为主，通过计算机阅卷，减少人工阅卷，而且相对公平。当然这里面也有它的不足，特别是对于设计创意，美国考试说实在的根本就不管你创意，它就是考规矩。所以美国的注册考试变得越来越计算机化，变得越来越公平，而且变得越来越简单了，我们那时候要考七门，现在只有四门，虽然这四门变得更加综合了，但是毕竟题量还是减少了很多。你们不知道，我在美国受到最大的"侮辱"就是参加考试，真是特别难受，一想到这个事情我心里就不平衡，我觉得我竖向那么好，结果考了两次；我觉得我设计那么好，结果考了三次，搞得后面信心都没有了。我的同事问我是否需要帮忙去找考试委员会咨询一下，我这么好的设计为什么会不通过，最后他们得出一个结论，"你就是不懂常识！"日常生活里，你跟他们完全是对不上的。所以你一天到晚去追求好的设计，但注册考试不需要这个东西，它就考你那个螺丝钉要多长的，要几号的，所以你必须掌握那些最基本的东西。

关于考试内容，第一个部分主要是项目和工程管理。管理是一个项目成功很重要的一个方面，你们千万不要以为我是设计师，我就在办公室里面画图，如果整个项目管理不好，项目成功的几率就很低。好的项目一定是好的设计加上好的管理，加上好的施工。这三者的结合才构筑了一个好的作品的诞生。

你看这里面非常细，我在美国时对这些也不是很在行。要在美国做管理其实挺难的，首先你要跟甲方沟通得非常好，另外你要懂得法律，能跟设计院交流，甚至你需要有朋友才能做好管理。但是这门考试我是第一次就考过了，既然你不熟悉，你就使劲去读那些书吧，去复习那些资料吧，基本上死记硬背也就过去了。所以设计题目的时候，需要我们考虑清楚，不能把别人长处变成了短处，短处变成了长处。

第二个部分是所谓的分析，美国人做设计都非常讲究分析。我们一般设计时间非常短，做分析的手段也非常缺乏，在分析方面，我们目前做的工作比较少。很多时候我们对一个项目的自然条件分析不足，对一个项目的商业、投资、功能等分析的也不够，但美国人非常重视这部分工作，把分析做透了，那么将来的设计就不会是悬在空中的，而是一个完全能够接地气的，能够跟自然条件相关的设计，所以分析这部分也是他们的重头戏。

第三部分是设计，这部分是考试时间最长的，也是难度最大的，基本上第一次考试就通过设计的考生大概不到一半，一次四门全部通过的更是少之又少，无论是外国人还是美国人，基本上都很难一次通过。最难通过的我觉得是设计，因为里面牵涉的内容很难通过背几本书，把它复习清楚，很多时候要凭感觉。那些问题提出来以后，你需要经过分析、思考才能够找到正确的答案，但有时候答案没那么一目了然。例如设计一个场地的题目，说把停车场放在左边好还是放在右边好，是放在前面好还是放在后面好，题目是有一个明确的要求，但是有时候你很难抓住那个重点，抓不住这个题目的核心。在这种情况下，一个最佳选择，这时候就需要有这种判断能力，这就是设计题目的难度。

第四个部分是竖向和排水，美国注册考试最难的一个部分。技术方面最难的部分就是排水，它跟竖向、雨水管理、生态都密切相关。我在美国的时候也做过这个课程的助教，应该说课程我都学懂了，而且在计算方面，做设计时也能够很好地应用。但是我在做助教的时候非常困难，因为美国有很多的学生就搞不懂，那么在我们教育体系里面，要不要把这个事情放大一点，把这个时间加长一些。排水也是一门课，学一次就要知道怎么样计算雨水量，过程非常短，非常困难。我知道现在所有的院校在这方面基本上什么都没有做，又何称景观生态呢？我们拿到场地后首先要考虑水是怎么流，计算清楚储水量。

所以我觉得咱们现在很缺乏对竖向和排水的教育，在这方面清华应该是走在前面的，在很多院校，特别是环艺专业在这方面基本上是空白。没有这方面的知识就很难做好生态，对于我们从事的工作而言也是很危险的。大家要记住，注册制度很重要的一点是为了维护社会的安全，维护人的福祉和我们的利益，如果生态方面的知识完全不懂，你就不可能保证这三项的稳定发展。

那么从我们自己的角度究竟该如何实现注册制度？我认为一定要考虑现实和未来发展的动态过程。其实在20世纪90年代的时候，我们就开始讨论这个事情，在我出国的时候就有人开始讨论我们这个行业应该发展得更正规一些，应该成为一个有注册制度的行业。到了1995年，我在美国就已经接待过从建设部派去的考察团，那时候是李如生带队，还有当时几个大院的院长都参与了这件事情，到美国专门考察美国风景园林的注册制度。

风景园林注册制度已经谈了很多年了，我希望大家都能够积极地参与到里面，积极地为自己的事业出力，我就先抛砖引玉讲这么多，大家有什么问题接下来一起讨论，谢谢！

第二部分——互动式交流

杨　锐：　　我们进入到对话环节，第一个问题我想问一些比较实在的问题，美国注册风景园林师，现在薪水的情况是什么样？

李建伟：　　风景园林这个行业在的美国工资是非常低的，我刚刚毕业的时候，进入到我导师的工作室，那是 1995 年，才十美金一个小时，这是什么概念呢，一万六千美金一年。当我 1996 年进入到 EDSA，EDSA 是比较大的公司，给我两万七千美金一年。当我成为了 EDSA 的副总裁，那时候已经开始带项目了，开始有团队了，我手上大概五六个项目，都是很重要的项目，包括迪斯尼项目、加勒比海项目，也有中东的项目，那时候八万美金。我已经是很资深的景观设计师了，也注册了。现在美国注册的景观设计师平均大概也就七万美金。

杨　锐：　　那和注册建筑师相比是什么情况？

李建伟：　　差不多，跟注册建筑师的工资比应该是差不多的，比规划师要高。美国规划师是最没有地位的，美国的规划师在每个县和每个城市的规划局工作，他们做管理工作。规划做完了以后，很多地方需要进行控规调整，比如说开发商买了这块地要做些调整，他们就会进行组织。然后每五年进行一次总体规划的调整，他们要组织这个事情，就这件事情他们是管理人员，美国没有什么专门做规划的设计院，规划师找不到工作的，因为没有规划可做。而且规划基本上是由景观设计师来做的，所以说我一直在呼吁，景观设计师一定要参与到规划里面去，一定要做城市规划。澳大利亚的墨尔本大学的一个系主任对我说，他们的规划专业取消了，基本上是用风景园林师来代替规划师。

杨　锐：　　在美国也没有注册城市规划师？

李建伟：　　有，但是主要是做管理。

杨　锐：　　是注册的，也要进行考试吗？

李建伟：　　也要进行考试，但是考试相对比较容易。很容易成为一个规划师，但很难成为一个建筑师，也很难成为一个景观师。我们 EDSA 的设计师有很多都是注册规划师，考取比较容易。

杨　锐：　　EDSA 在美国和在中国都有设计公司，现在中国这边的风景园林师的薪水是什么情况？

李建伟：　　过去差距很大，现在逐渐在靠近，从工资的绝对值来说还是有差距，但是从他们的工作量和完成工作的质量来说，现在中国设计师的工资和他们的工作质量倒挂了。因为一个美国设计师在一段时间能够完成的工作要比我们这边更高级别设计师实际完成的工作还要多，所以很多现在设计院愿意找国外的设计师来工作，像马岩松现在找了很多欧洲、美国的设计师来工作，他觉得更划得来。我们现在也开始招国外设计师，所以对你们来说真的是挑战，工作效率和工作质量，确实是倒挂。

杨　锐：　　那像刚毕业的硕士生到你们公司能拿到多少钱？三五年之后能够拿到多少？

李建伟：　　三年以后肯定是过十万了，看情况，如果你的水平比较高，可以达到十至十五万。

杨　锐：　　这个工资水平和别的公司比起来如何？

李建伟：　　我觉得是相对高一点的。

杨　锐：　　清华规划院好像干上三年到五年，差不多一年二十多万。

李建伟：　　有，这一定是很好的，他水平很高，能够带项目。我们要招项目负责人，室主任一般是五十万，副主任大概是二十到三十万，一个项目主持人大概是二十万左右，是这样一个级别。

杨　锐：　　从他们毕业之后，到一个项目负责人一般要几年时间？到副主任要几年时间？

李建伟：　　清华出去的可能就两三年。

杨　锐：　　两三年就够吗？

李建伟：　　艳妮以前在我们这边工作过，她是有经验的，她那时候就做项目主持人，所以她的工资可能要高。

杨　锐：　　在 EDSA 的话，大部分人是做设计还是施工？还是各个方面都要涉及？

李建伟：　　我们跟其他地方不一样，我一直认为风景园林师必须从最开始去谈项目，一直到项目落成，全程都要跟进。我认为设计院把设计师分成前期设计，还有只做施工图或是只看现场都是不对的，这是埋没人才，是对职业生涯非常不利的一种做法。所以我们要求设计师从头跟到尾。

杨　锐：　　你当时考美国注册风景园林师的时候，应该也有很多的经验和教训，教训好像比经验还要多一些，你能不能给大家提一些建议，例如怎么准备风景园林师的考试，有没有什么诀窍？

李建伟：　　是这样的，也不能只看美国的考试，我认为中国最开始几年的考试可能是比较松泛的，这种松泛对你们来说是不利的。应该是考试越严格越好，很多人考不上你考上了，你就变得更珍贵了。如果前面考的太轻松，大家都能够考上，实际上对你们就没有那么多吸引力了。我觉得这个考试还是要有一定高度，要有一定的严格程度，让那些真正优秀的人才成为标杆，大家跟着一起学。至于考试经验，任何考试都必须是有目标的，你们先把考试的目的搞清楚，不要完全根据自己的想象去参加考试，不要像我走那么多弯路。

杨　锐：　　也许新东方也会弄一个职业考试培训。（笑）

李建伟：　　不要根据自己的爱好去考试，这是第一点。另外一点，考试一定是考基本的东西，不要想我们会出很多非常高深的题目让你们去猜想，考试一定是考知识，考基本技能。所以一定把基础搞扎实了，这样你将来的发展空间会更好。第三点，还是要尽可能在自己日常的实践中多积累，不要只是为了一个考试而准备这些东西，平常多积累、多总结，在实践过程中间多思考。对你们而言，考试应该不是问题。

杨　锐：　　您觉得中国风景园林师未来的前景如何呢？

李建伟：　　我非常看好。首先从我们这个专业的发展来看，我们专业牵扯的面很广，能够把其他的行业没有的东西都能够拢起来，并能让其他行业得到很大提升。为什么风景园林专业要存在，因为修道路桥梁的人需要我们，因为搞建筑的人需要我们，因为搞规划的人需要我们，因为搞城市管理的人需要我们，整个社会需要我们，你说我们怎么能不发展？这是我们发展的最大的基础，我们是不可能被别人取代的，没有哪个行业能有这么大的张力，被这么广泛的领域所需要。修道路桥梁的人没有我们，道路修的非常差，把很多风景都破坏了，把很多湿地都占用了。就是因为没有我们的参与，中国的高速公路建成那个样子，所以我们这个行业的发展一定是非常有前景的。

杨　锐：　　在 EDSA 是不是也做城市规划和建筑？

李建伟：　　有，而且我不像其他的院所，把规划分成一个室，建筑分成一个室，我们规划建筑的全在一起工作，甚至包括做水利的、做生态的都在一个工作室里工作。实际上，中国人最大的障碍就是交流，如果分成两个不同的工作室，两个工作室之间完全没有交流，完全融不到一起，所以必须在一个工作室里面，大家在一个场景里面。因为风景园林的特点跟建筑不一样，跟规划也不一样，特别复杂，必须各方面的人员在一起才能把事情做好，所以在一起工作才是我们的选择。

杨　锐：　　目前室主任和项目负责人是哪个专业的相对多一些？

李建伟：　　基本上还是建筑和风景园林，我们有一个室主任是武汉大学建筑系毕业的，有一个是清华的，还有一个是北农大的，还有一个是东北林大的。

杨　锐：　　如果比较建筑和风景园林专业出身的室主任，他们有什么不同的地方？

李建伟：　　有一点差别，学建筑出身的人通常在设计感觉上比较好，会比较重视设计的质量，而学风景园林的人有时相对保守。我不是批评你们，我有这样一个体会，风景园林专业的人通常都有一个固定的思维模式，很难突破出去，而建筑专业的人通常边界会少一点，这是差别。我对学环艺的人也有正面的认识，因为他们拥有创造力，根子还是很不错的，只是专业知识还不够，所以环艺专业的人一定要想办法补充自己的专业知识，让自己膨胀。

杨　锐：　　作为一个毕业生，刚进入一个企业，如何在职业上升过程中走得又快又稳？作为一个老板，你有什么建议？

李建伟：　　说实在的，我希望我的员工不用等着我来提示他，他自己去做，我一直是这样鼓励我的员工。你想当项目主持人，你就先做项目主持人的事情给我看看，考察你有没有能力，而不是等我把你提拔了以后你才做项目主持人的事情。其实如果想要做项目主持人的话，你在做项目的时候就应该多关注别人在做什么，怎么样把自己这部分东西做好之后还能去帮助别人做其他的东西，那你就逐渐地成长起来了。所以 EDSA 提拔人从来都是你先把自己给提拔了，然后领导才提拔你，如果等着领导来提拔你才做这份工作，你就永远得不到提拔，这是一个铁定的规律。先付出，没关系，你付出是为了你自己，不是为了公司，你付出得越多，成长得越快。而且我一直鼓励我的员工，年轻时，在工资非常低的时候得使劲干，努力提升自己的能力，等有能力之后再跟老板说要多少钱。你没能力的时候，你使劲去挣钱，你什么也挣不来，你肯定得不到老板的欣赏和重视，也肯定没有发展空间。开始的时候，只要能活下去就行，但是一定让自己变得有能力。

杨　锐：　　现在您公司的年轻人里面，有房有车的，或者先不说车，有房的比例大概是多少？

李建伟：　　我有好几个员工是刚刚毕业不到两、三年，就找我来签字说要买房，其实有钱的人还是挺多的。（笑）

杨　锐：　　那是问他父母要的钱。

李建伟：　　确实是这样。

杨　锐：　　不敢跟老板要。（笑）

杨　锐：　　下面我们开始第一轮的互动问答，同学们有什么问题？

学　生：　　您刚才提到了名校毕业生和普通学校毕业生的差别，想请您再详细谈一谈。另外获得注册之后是否就高枕无忧了？

李建伟：　　考上注册景观师以后，在美国每年还要有所谓继续教育，我每年要有 16 个学分，每隔两年还要进行一次评估，我才能够保住我的注册证，所以这是个持续的过程。说到名校和普通学校的差别，比如你付出了很大努力获得了清华大学的学位，而下面一个乡镇办学培养出来的学生跟你来竞争，因为没有执业标准，你还不一定能拿到项目，确实会很郁闷。

杨　锐：　　当然不排除那些人的能力非常强。

李建伟：　　也有可能，但是很多的时候，他们确实没有能力。中国的现状就是这样，当他们靠关系得到项目的时候，你受得了吗？作为一个行业的职业工作者，是要有一定尊严的，我们通过职业注册得到了景观设计师的头衔，在美国受法律保护的，不是所有人都能称自己为景观设计师。

杨　锐：　　那美国现在大概有多少位注册景观设计师？

李建伟：　　具体数字我没有，就佛罗里达州来说，到现在估计有三到五千，因为它是有法律保护的，其他的人不能称自己是景观设计师，这个头衔是应该受到尊重，应该受到保护的。如果没有行业保护而形成恶性竞争，我们是会受到污辱的，因为你的努力没有得到社会的认可。不排除有很多人没有接受专业教育，没有进行注册，但是他特别有创意，社会是可以通过其他的渠道把他们拉进来的。在这套制度里面，实际上也留有很大的余地，让没有受过专业教育的人也能够参加注册考试，证明他有能力。他可以通过他的作品，通过专家的推荐，通过实践来证明自己的能力，一样可以通过注册考试。

学　　生：　　风景园林师好像更擅长做风景区或者旅游区规划，当我们真正介入到城市规划、城市设计的时候，我们有能力做到什么？现在有没有风景园林师在做这个领域的工作？比如我在中国城市规划设计研究院实习的时候，它的城市规划所就没有风景园林专业的学生，有没有一种机制能够有效地保证风景园林专业在参与城市规划的过程中发挥实际作用？

李建伟：　　第一个问题我想起了杨锐老师曾经跟我说过，他说他已经做了很多风景园林规划，现在他都不想做了。这个我也非常有同感，风景区规划、旅游规划是中国做的最慢的一类项目。

杨　　锐：　　风景区规划和旅游规划还是有区别的。

李建伟：　　是不一样，再强调一下。

杨　　锐：　　对于旅游发展规划我确实已经十几年没有做了，那个确实门槛太低，但是风景区规划的门槛还是很高的。

李建伟：　　实际上，旅游规划是很重要的一类项目，这类规划做的不好所带来的破坏是非常大的，而且破坏的都是我们最宝贵的资源。旅游规划做不好，就搞成了哗众取宠。说实在的，非常好的旅游资源全世界都少有，中国的风景资源是全世界最好的。有人说美国很漂亮，其实美国的风景资源跟中国差不多，就那么几个大的国家公园，而中国的风景资源非常丰富，但是破坏也最厉害。所以你们毕业以后，尽量的不要去搞旅游规划，如果要搞做旅游规划，也要想办法做得好一点。

杨　　锐：　　现在不管是规划院还是外企，风景园林师介入城市规划和城市设计是什么状况？

李建伟：　　首先我认为是有机会的，而且有很多的机会。

杨　　锐：　　这种机会变现了吗？

李建伟：　　变现了。比如我在南戴河做整个南戴河片区的开发建设规划，我们做了概念性规划，一直到控规。因为我们没有做控规的资质，最后是由深圳设计院出的文本，但是规划是我们做的。现在我们在做阜阳的景观系统规划，我通过景观系统规划影响到城市规划，因为城市规划没有考虑大的景观系统。我们做景观系统规划不是做绿地规划，我们规划的是资源、产业和整个城市的风貌，也包括水文。我们现在把阜阳的整个水系做了完整的规划，能够解决城市新区开发的景观用水需求，能够解决城市地下水的需求，能够解决河道硬质化的问题，甚至带来了很多其他方面的影响。通过水资源的重新分布和调整来解决城市发展问题，这一点以前还没有被重视。所以我们通过景观系统规划来影响城市规划，把城市布局，包括工业区位置进行了一些调整，并且提了很多建设性的意见，我认为是非常有意义的。我们在十堰也做了整体的系统规划，十堰的问题是因为南水北调，通过这样一个机会，需要对整个城市的河道和生态环境进行调整。通过我们景观规划以后，能够影响城市的布局，能够将工业、商业、居住等进行重新的改造。

就是说在我们工作的范围之内，首先可以通过一个点来影响整个的面，最终影响整个城市，如果你有这个能力，可以跟市长解释这样做会给城市带来什么样的变化。关键问题是我们不局限于所谓的做绿化、做公园、做场地，我们整体考虑城市的生态系统和景观系统，视野就不一样，对于未来打败规划师，我充满了信心。

杨　锐：　　大家还有什么问题？

学　生：　　您刚才讲到我们景观设计师有很大的发展空间，涉及面很广，在道桥、建筑和规划领域都需要景观设计师的参与，但是现在他们看不到自身的不足。所以，当有了注册景观师之后，能否规定一些项目必须要有景观设计师的参与？

李建伟：　　肯定有的，一般来说，现在国外所有的公建项目都必须有注册景观设计师的参与。我今天没带我那个钢印过来，那个钢印是非常珍贵的，只有你一个人有，是唯一的。

杨　锐：　　在美国注册风景园林师有挂靠吗？

李建伟：　　没有。在美国你要是借给别人用了一次被发现后，会吊销你的执照，你一辈子也注册不了，是非常严格的。

杨　锐：　　建筑师也不能挂靠？

李建伟：　　绝对不行。

杨　锐：　　在中国你觉得怎么防止？

李建伟：　　中国是以公司注册的，不是个人注册，但是我觉得最终还是要落实到个人对设计方案负责才有意义。如果以公司对一个方案负责的话，它很难得到惩罚，但是要惩罚到一个人，他就感觉到危险。

学　生：　　当有了注册制度之后，我们景观设计师的地位提高了，这会对薪水的提高有帮助吗？

李建伟：　　肯定有帮助，因为很多设计院都会把职业职称作为招聘的条件，作为当项目主持人的条件。当你考过了注册景观设计师，我相信你的薪水肯定会涨。

学　生：　　我的问题是这样的，当注册制度和法律还没有很健全的情况下，我们参与的一些景观项目可能是不需资质的，但是今后是否会出现地方性的保护政策？你是外来企业，没有地方的甲级资质，报价二十块，当地企业报两块，即使甲方认可你的二十块，可是你的公司没有当地的甲级资质，政府不能用你，只能用两块钱的，这种问题如何去解决？

李建伟：　　这个是现状，的确很多地方都有地方保护，做设计还好一点，工程施工的地方保护非常厉害，必须要地方注册的公司，地方保护需要通过国家层面来协调解决，不是我们这个行业能控制的。

学　生：　　如果这个条例出不来，会不会也变成这个情况。

李建伟：　　我觉得我们可以规避。

杨　锐：　　将来的注册风景园林师是全国性质的，没有各个省的，所以你只要考到内地的注册风景园林师，可以在全国通用的。

学　　生：　　老师提到了四次才考过美国的注册风景园林师，我想问一下，因为这种考试比较偏向于一些常识性的东西，会不会选拔不出那种真正有设计能力的设计师呢？或者这种设计师就埋没在考试制度中呢？

李建伟：　　这个考试的目的不是为了选择设计能力非常优秀的设计师，而是选拔有一定专业水准的设计师。你必须达到这种水准，必须具备这些知识、技能，而且你能够不犯错误，这一点实际上是非常难的，有很多优秀的设计师老犯错误。像我这种人就老犯错误，不关注基础的东西。因此一定要达到这个基准之后，才能去选拔那种优秀的设计师，两者方向不一样。

学　　生：　　老师之前说到景观的涵盖面非常广，铁路、公路设计都需要我们的参与，但这涉及到一个问题，我现在认为他们做得不好，是因为他们不了解景观设计的内容，未来当我们参与到这些行业后，我们也需要了解这些领域的专业技术。那么您认为景观师注册考试是会考这些所有内容，还是说我们的行业会再细分出道路系统的景观设计师、城市系统的景观设计师等等呢？

李建伟：　　我知道有很多人现在也在担心这个问题，因为广就不精了，但是不精就是你的特点。做为一个景观设计师，比如在生态方面，你只需要了解它的基本原理，它还是要为实现景观设计服务；再比如我的一个同学，他去了交通局，在交通局专门做高速公路设计，他每年的贡献比我大得多，他每年能够保护那么多湿地，就是因为高速公路的选线都是由他来决定，他做的贡献比我做几个漂亮的酒店大多了。所以景观设计师一定要延伸到那些领域里面去，现在世界各地做景观设计的人，不像我们这里都留在景观设计院，他们工作在道路设计院、建筑设计院、规划设计院等，这是一个很重要的发展趋势。

学　　生：　　接着您刚刚说到的，风景园林师在规划院里面的参与程度非常高，拥有话语权，但是就我看到的现状而言，可能和您描述的不太一样，景观设计师的话语权是从何而来的呢？虽然我们在讲生态文明、五位一体、美丽中国，但一部分人的认识水平还是处于过去的状态，那么我们该如何增加我们说话的分量，更被社会所需要呢？

李建伟：　　记住一点，你要有话语权，首先要说话。如果你自己不说话，我做我的事情跟社会没关系，那你永远没有话语权。所以一定要敢说话，而且要多说话，这样才能拥有话语权，这个社会是强者生存。

　　为什么城市的河流都变成了硬化的驳岸？就是因为我们没有参与，我们的话语权在哪，明明风景园林师做那些事情可以做得更好。其实不需要我们去懂那些水利的计算，我们需要思考更宏观的问题，同时使设计更能够满足水利的需求。但水利的人没有这些知识，所以我们才有话语权。他们需要我们，只是我们没有找到说的渠道，我们自己也没有主动去说，所以问题在这里。

学　　生：　　所以注册风景园林设计师制度是不是能够帮助我们把风景园林的元素注入到不同的行业之中？

李建伟：　　完全可以，我们注册之后，社会的认可度就会更高。

学　生：　　我是美院环艺专业的，我理解景观设计需要广度，比如我之前做过规划，也做过甲方设计师，您在招聘的时候会如何考虑？

李建伟：　　都有好处，我认为个人的背景越丰富越好，不要局限于是哪一条线路走过来的才是最优秀设计师，每个人走的弯路实际上都是他的资源，都是他的财富。

学　生：　　我是之前工作过一段时间后又考进来的。

李建伟：　　这很好，有这种知识背景很好。像哈佛大学，是不招收本科生的，因为对基础知识的要求太高，它招不到那么多优秀的学生，所以只招研究生，把从全世界各个院校最优秀的学生招来学习。所以它选择的学生各个专业都有，拥有不同的背景，最好本科不是风景园林专业的，把他们招进来以后再进行培训。

学　生：　　我觉得现在规划、建筑、风景园林都在互相在批判，互相争论，如果把这三个专业放在一起看，您认为什么才是好的标准？

李建伟：　　确实存在很多行业之见，我们说得也不一定对，规划师确实认为很多景观做不好，但是我们这个行业还处于一个发展的过程，发展的潜力是非常可观的。就我所看到的问题，真正说起来，规划的问题确实是致命的，城市里工业污染也好，资源浪费也好，风景破坏也好，常常是因为规划做得不好而造成的，问题的很大部分不是来自于建筑，也不是来自于景观，这一点大家应该是有共识的。现在城市最大的问题就是环境污染、交通拥堵，景观设计师发挥不了作用，我们在里面只是做一些小事情，所以这个现状亟待改变。

学　生：　　有时候在实际操作中会牵扯到各方面的经济利益，或者遇到政府方面的干涉。

李建伟：　　你得告诉领导，告诉甲方，你这样做不是浪费钱而是为了省钱，而且不是省一点点，省很多。一个好的设计是完全可以做到既经济又优美，不是花钱越多越好。我现在基本上不做小区设计了，我看着小区我就烦，因为太多奢侈的元素在里面，特别难受。

杨　锐：　　由于时间关系，我们给后排的同学一个提问的机会。

学　生：　　您刚才谈到了很多是已经进入工作后的状态，那您对于我们这些还没有参加工作或者是年轻设计师，在学习、生活、实践是否有一些建议？

李建伟：　　我正好有些建议，我希望在你们走入到社会之前，一定要眼界放宽，但是知识是基础，只有具备了丰富的知识你才能做好工作。所以你们要去学 GIS，一定要懂得地理，一定要懂得水文，一定要懂得竖向，一定要懂得植物，这些知识都是最基础的，你们将来要干的事情或许远远不是你现在所能想到的，因此要把知识面拓宽，这个行业的发展比我们想象的要快得多，而且界限会变得更广泛。

　　　　　　谢谢大家的提问！

第三讲　怎样做一个合格的项目负责人

主　　讲: 李宝章
对　　话: 杨　锐、李宝章
后期整理: 李宝章、马之野、叶　晶
授课时间: 2014 年 10 月 17 日

李宝章

　　奥雅设计董事长兼首席设计师，旅行作家；清华大学建筑学学士，加拿大温哥华不列颠哥伦比亚大学硕士；不列颠哥伦比亚省景观建筑师协会会员、美国景观设计师协会（ASLA）会员；兼任广东园林学会理事会理事，深圳市土木建筑学会生态园林景观专委会副主任委员，北京大学景观设计学研究院客座研究员，北京林业大学、西安建筑科技大学客座教授，江南大学艺术学院名誉教授、全经联商学院创新讲师等职务。

　　李宝章先生一直专注于景观设计、规划与城市设计等领域的专业工作，有近二十五年在加拿大和中国从事景观规划与设计的专业工作经验。在他的设计中以"中国的文脉，当代的景观"为主旨，与奥雅公司的同仁一起为中国的城市建设提供城市、建筑与景观全程化与一体化的景观规划设计服务，并在国内许多城市设计出众多优秀"新中式"景观作品，这种努力得到市场与学术界的认可。他的代表作品包括深圳市宝安中心区滨海地带、宝安区海滨广场与滨海公园、漳州碧湖市民生态公园、芜湖中央文化公园、深圳中信红树湾、北京泰禾运河岸上的院子、杭州欣盛东方福邸等经典优秀项目。

杨　锐：　　　今天李老师将要讲的"怎样做一个合格的项目负责人"是我们"风景园林师实务"最重要的内容之一，因为每个专业设计师都是要走过从一般的项目参与人员到项目负责人，再到创业、总工、总监、或者是合伙人等的职业发展道路。而项目负责人是设计师职业生涯里很重要的一个转折，也就是说做好项目负责人是大家将来职业生涯最关键的一个阶段。请大家欢迎你们的学长、奥雅设计集团的创始人，李宝章老师！

李宝章：

第一部分　开 场 白

很高兴又回到清华！1986 年我从清华建筑系毕业后，从 1986 年到 1988 年在这栋楼里教了两年"建筑初步"，也当过 86 与 87 级两届新生班主任。离开清华后，我又在温哥华学习了两年景观，并在同一个城市工作了七年。1997 年我回到香港，1999 年在香港成立作为奥雅设计集团的前身"奥雅园境师事务所"，这么一晃奥雅公司就成立 15 年了。

往回想想，我们每一个人在这个世界上都是茫茫沧海中的一叶浮萍，不知道最后会飘落到哪里，或者做什么事情。当然，虽然我们没有办法完全控制自己的命运，但是我们每个人都可以在一定程度上决定自己要做什么与不做什么。其中，影响我们作出选择的基础是我们的价值观，而每一个人的价值体系的构成决定了一个人怎样在面对一个问题时做出自己的选择。这就回到了我们今天讲课的主题"怎样做一个合格的项目负责人"。因为，做一个项目负责人的基本道理也是一样，也是用什么样的价值观去决定项目进行过程中的每一个决策。

作为公司的创始人，我在过去的 15 年里一直是以一个超级项目负责人的身份在工作；但是，等我开始为这门课备课时，我却一下没了头绪。要用两个小时讲完这样一个宽泛的题目，似乎怎么讲都可以，但是怎么讲又觉得不全面。让我接上杨老师的话题，在座的每位同学，如果你将来选择进入一家设计公司工作，都必须完成从学生向项目负责人的转变。这期间，你是不是可以成为一个合格的项目负责人，是你今后是不是能够晋升为总监、总工或者合伙人，以及是不是有能力自己创业的关键。所谓的合格的项目负责人说白了就是那种能让世界转起来的人。这个世界上有三种人：有很少一部分人可以让世界转起来，大部分人在别人的推动下能够动动，还有不少人怎么推都一动不动。

在设计公司能让项目转起来的人叫做项目负责人。成为一名合格的项目负责人的过程很不容易，就像一名士兵能够成为一名合格的将领一样不容易。让我负责任地告诉你们，在清华建筑系的毕业生中能够真正地利用社会赋予你的资源、发挥出自己的所有潜能来独立负责、并让项目转起来的人大概不到 5%。我们的部分毕业生落入了第二类人的行列，这些人既玩不转人、又玩不转事，我今天来的主要的目的就是防止大家在这条路上走得太远。

古往今来"项目负责人"的终极就是带兵打仗的将军。中国有一本告诉将军们怎样去带兵打仗的好书叫《孙子兵法》，我今天讲座的内容就是以《孙子兵法》的内容为框架逻辑展开的，只是《孙子兵法》有十三篇，鄙人才疏学浅只能写出十一篇便无话可说了。但是，我认为这十一篇的内容是要成为一名合格的项目负责人必须知道的事情。

当然，做项目负责人并不只是抗争，还有合作与双赢；合作与双赢听起来更像是婚姻。我们已知的人与人的关系说到底也就是抗争与合作这两种。抗争关系的最高形式是军争，军争就是不管使用什么手段，我把你打败了就完了。但是在现代社会的竞争更像是婚姻内的竞争与合作，问题的关键是婚姻中的双方要在赢得对方芳心的同时，又不能把自己贱卖了；在婚姻关系中，你不能征服人家，因为双方需要在平等的基础上才能最好地合作。在婚姻内的竞合（竞争的同时合作，合作的同时竞争）关系这件事上我的体会深点，你们只要看看我与我太太（也就是奥雅设计集团的总经理方悦总）之间的合作就知道了。我们之间的合作是清华人与北大人之间的合作；大家知道这个背景也就够了，后面方悦总也会来给大家上一节课。

下面我们进入正题，共十一篇，我认为其中的每篇都很重要。

第二部分 项目负责人十一篇

一、全局篇（关于价值观、公司制度与人生规划）

现代企业（尤其是设计企业）都是围绕着提供一线服务的项目组进行企业组织的，项目组的表现直接影响到公司的业绩与存亡，所有的项目组都有一个项目负责人。只有当你加入一家与你价值观、生活经历与做事方式相契合的公司时，你才可能发挥作用。因此，在加盟一家公司前你必须看五件事：第一、公司的价值观与文化；第二，公司业务在市场中的影响力与发展趋势；第三，公司的地域格局；第四，公司同事的品质与能力；第五，公司的制度是不是健全。

也就是说，当你在考虑是否进入一家公司之前，你一定要问：公司领导是不是德才兼备且正道直行？同事们是不是有能力？公司的产品与服务是不是有竞争优势？公司的制度是不是健全？工作氛围是不是和谐高效？公司的员工是不是训练有素？公司是不是制度明晰，赏罚分明？公司的领导是不是欣赏你的本事、为人与言行？公司会不会给你发挥的空间？ 如果是你要加入一家公司，这些问题是你日后能不能做好项目的保证。如果不是，你真的应该尽快离开。

不管是做人、做事、做公司、还是做项目，最重要的是要把事情的道理想透与算准。想得透、算得准，成功的可能性就大；没想透、没算好成功可能性就小。

没有过脑子就去做的事情往往会误己误人！

总结：人类原本就是政治动物。如果你不知道你需要什么或者要成为什么样的人，别人永远不知道你需要什么与应该成为什么样的人（英文原文是：If you do not know what you want，other people always will）。所以，你必须对自己有清醒的认识。

二、社会经济篇

作为项目负责人你要跟社会上的所有普通人打交道，你必须接受"钱"是"金木水火土"之外的第六元素；钱是人类所有经济活动有效性的衡量标准，是社会发展的动力、组织机制与目的。钱的多少是人们的工作价值与个人价值的公认的衡量标准。没有转化成钱的任何思想、知识、计划，及相关的所有的言行（不管潜在的价值有多大）都没有当下的现实价值。

当你在管理一件事时，首先要保证创造价值，也就是说一定要保证挣的钱比花的钱多。只有这样，你个人的生活与公司的生存才可以维系，社会才能得到发展；反之，社会的发展就会停滞，甚至倒退。创造价值的本源，不是资本，不是技术，不是文化，也不是知识，是能够创造价值的人，也就是你。你的工资与职位是与你创造的价值联系在一起的。

专业合同本质就是围绕做什么事与提供什么服务，应该在什么时候付多少钱展开；钱的转手是规范各方行为的最直接与最有效的方法。合同双方是不是能够诚信地执行合同，是市场经济得以运行的保证与社会经济是不是发达的标准。所以，你必须知道现代社会的商业规范，不要以为你聪明，有创造价值的能力就等于你能够为社会创造价值。如果你不能为公司、社会、你的团队和你本人创造价值，你是清华毕业的又怎么样？不过是成为别人更大的茶余饭后的谈资与笑料；不过是你父母与家人心头挥之不去的遗憾，虽然他们不会说什么，你们的家人谁不愿意看到自己的儿女、丈夫、父母能为家庭带回更多实惠！

总结：作为项目负责人你必须管好钱，并为甲方、公司、你的团队，及社会创造价值。记住司马迁说过：天下熙熙，皆为利来；天下攘攘，皆为利往！如果，你用理想说不动别人，用利益（也就是价值）永远能让人动起来。

三、价值创造篇

项目负责人必须知道一个人与一个公司，作为一个经济社会实体存在的价值，在于他们能为他人与社会提供什么服务，创造多少价值。因而，项目负责人的责任是通过公司这个平台为甲方提供服务，为甲方创造价值，并在这个过程中同时也必须为自己的公司创造价值；同时，也为你的团队与你自己创造价值。

在创造价值时必须的花销叫成本投入，没有创造价值的投入叫浪费社会资源。在设计公司最大的开销是人工，最大的浪费是工作失误，对公司长期生存最大的威胁是效率低下。在现在的景观设计公司，一线员工的人工：花销（花销＋

非一线员工的工资）：公司的毛利＝1：1：1；当下景观设计公司的人均产值在 25 万～45 万／年／人。所以，作为公司的项目负责人，如果你带领的团队挣不出这么多钱来，你就不是合格的项目负责人。

总结：没有钱及投入与产出比的概念、不为社会创造有效价值的项目负责人是甲方与设计公司走向破产的捷径。你必须牢记，在现实世界中做任何事情都需要钱，动一动都需要钱，所以你要有管理钱的能力，有从"钱"的角度看世界的视角。

四、做综合型人才篇

项目负责人必须是综合型的人才。这个世界上有三种人：可以自己主动行动起来完成一件事情的人、在别人的带动下可以行动起来的人、无论如何都不动的人。项目负责人必须是第一种人。项目负责人是同时具备组织领导能力，专业与管理能力，计划与沟通能力，发起与落实能力 的全才式的人物；他们必须是同时具有责任心与负责任的能力的人。

优秀的项目负责人到底是怎么产生的本身就是个谜。为什么有些人可以成为项目负责人而有些人不能？有些人看上去不可能是高级项目负责人但是却是一个出色的项目负责人？但是总体来说具有主事的意愿及主事的能力，有宽泛的人文修养与生活阅历，对人与社会及事物都比较敏感，可以通过内省与观察理解人性，懂常识、不偏执、知行合一的人更有希望成为一个合格的项目负责人。《孙子兵法》认为将领应具备的素质主要包括：智慧、诚信、仁爱、勇猛、严明。

总结：项目负责人是智商与情商都高的牛人。理想的项目负责人必须是具有专业能力、管理能力、计划与沟通能力、带领团队工作的能力、及执行与落实能力的全才。

五、专业知识篇

精通专业知识是项目负责人的立身之本，即使你是最好的学生，从最好的学校毕业仍然需要做到：第一，用起码一年的时间把公司最基层的事做了（在奥雅叫设计助理）；第二，再用 2～3 年的时间从头到尾做过几个项目（在奥雅叫助理设计师）；第三，再用 2～3 年的时间自己试着全程负责过几个中小型的项目（在奥雅你可以成为设计师）；第四，再用 2～3 三年的时间开始自己负责项目（奥雅叫项目经理）；第五，你需要起码 7～9 年时间成为高级项目经理；最后，要经过 9～15 年的时间成为项目总监。

在此期间，如果你很幸运：1）你会在不同阶段都有人辅导你；2）你会有机会犯过所有应该犯的错误；3）你会遇到所有该遇到的小人；4）你会有数次重大的个人、家庭、情感、健康与事业危机；5）你必须在每五年里更新一次你对自己、人生、市场及专业的认识。6）你要理解到相关专业的相关知识，并知道如何与相关专业的人事打交道。如果，你还是坚持下来了还没有辞职与转行，恭喜你，你将会是一个较为合格的项目负责人。到了这个时候，你还没有走进甲方的办公室，你就知道大概甲方会要什么东西，你大概能够控制所有的场面而不被场面所控制。

总结：作为项目负责人你必须有不少于七年的专业经历。伟大是磨出来的，任何一个人如果能在一个专题上花到一万个小时的时间，这个人就会成为这个专题的世界级专家。也就是说，如果你围着一个问题转，最后世界将会围着你转；如果你只是围着别人转，到头来这个世界会抛弃你。

六、甲方乙方篇

项目负责人必须知道甲乙双方平等的关系是乙方可以提供高品质服务的前提。甲乙双方的关系不是从属关系，而是合作关系，合作关系的关键是独立的各方在追求达到共同目标的相互合作（It is not about dependence or independence；it is all about inter-dependence，just like a couple in a marriage）。取得 Inter-dependence（独立的双方的合作）的关键是取得甲方的信任，取得信任的关键是在理解甲方的需求的前提下用你的专业技术、职业经验及服务精神为甲方创造价值。

项目负责人作为行业的专家，在你的专业领域你应该比甲方知道得更多，经验更丰富。你应该尽最大努力给甲方应该要的设计，很多情况下应该要的不一定是甲方开始想要的，也就是说优秀的设计师比甲方更知道他们想要什么。请记住专业人员的责任是给甲方提供专业的咨询服务，其中包括对比方案及其可能的后果供甲方决策。决策权不在你这里，决策权永远在出钱的那个人手里。设计师的责任主要是帮助甲方实现他们的理想与梦想；如果你不是给自己家做项目，你的价值在于你是不是帮着甲方实现他们的价值与梦想。设计师是通过甲方服务社会的，所以具有选择甲方的实力对于设计公司至关重要。

总结：设计风格比较像是个政治问题，是甲方的价值观、审美观与决策机制总和的外化；设计内容及技术做法是个经济问题。设计的程序与结果更是个政治、经济与文化现象，说到底与甲方决策者的情感因素关系不大（如果不是他们自己家的房子，他自己的情感因素与审美偏好会略多一点）。

七、团 队 篇

项目负责人是依靠团队开展工作的，团队的本质是我们大家在一起可以做到我们每个人单独都做不到的事情，而且通过合作我们能够做到更多，更快，更好。所以每个项目负责人必须花大力气建立一个自己的团队，建立团队的关键是在突出核心竞争力的同时补上团队、尤其是你自己的缺陷。团队的使命是完成面临的项目，虽然日常的信任与和谐的环境非常重要，但无可争议的是团队的凝聚力最终来自负责人是不是能够给组员带来专业的进步，人生的成就感与实质的经济利益。

每个团队都会因为项目负责人的性格、知识结构及做事风格的不同而不同，适合你的团队就是好团队。而且像一个人一样，团队的优点就是团队的缺点，比如偏独裁型的组织与管理风格更有效率，偏民主型的组织与管理风格更可持续。虽然说现代的设计公司提倡更民主化的组织与管理，但是优秀的项目负责人最好是同时具备以上两种管理能力，并根据需要使用合适的管理方法。

优秀的项目负责人在管理团队是应该做到天合、地合、人合与己合，要在充分地理解项目、甲方、团队、时间、资源、尤其是自己本身的特点来组织与管理团队。在很多时候团队的管理就是对自己的认识与自我管理，并针对自己的弱项与组员配合弥补自己的不足。我本人多年的项目管理实践得出的结论是，当每个组员在了解全局的前提下进行分工合作，团队的整体效率最高。

总结：管理好自己，由对于自己的反省进而去理解组员的愿望与需求。作为项目负责人你必须知道：第一，己所不欲勿施于人；第二，一人之心千万人之心也，要以诚待人，不要试图忽悠别人；第三，实际的工作成绩、实质性的贡献、真实的专业技术，以及具有诚信、果断、担当、谦虚与勇气等人格魅力是你唯一可以依靠的资源。

八、控制你内部与外部的资源

作为项目负责人要必须认识到你的团队是你们公司的一部分，其中人事、行政、市场、IT、审图、图书馆、前台、技术支持组与总工对你们项目组的工作来说非常重要，你应该保证你可以在需要时得到他们的支持。你应该跟其他项目组的项目负责人保持一个友好与合作的关系，谁都有需要别人的时候。在像奥雅这样的大型集团公司中，你的团队需要跟这些人经常打交道。例如：

1. 跟建筑、结构、生态、销售、市政等团队合作时你应该知道对方的立场与利害关系，并随时注意向人家学习。

2. 政府部门各有自己的逻辑，到政府部门做报批时应该特别注意政府的工作逻辑（尽可能不出错）。

3. 在任何时候，要尽最大努力不要跟人翻脸；要支持所有合作方的工作，尤其注意不要给合作方带来恶性后果。

总结：总的来说，作为项目负责人平时要与人为善，要多帮忙、多捧场、少拆台，到你需要时才有人会帮你。俗话说"多个朋友多一条路，多个敌人多一堵墙"，是真实不虚的道理！

九、项目控制篇

优秀的项目管理在于筹划与防患于未然。筹划与计划的工具很多，但是项目负责人需要有同时处理多项任务的能力（脑力），并因地因时随时调整计划。项目管理的底线是不要出事，当然，我们都希望结果精彩。不出事是你的本职工作，精彩靠的是大家共同的努力与机缘。优秀的项目负责人应该把所有的变量控制好，其中最重要的因素包括：1）管理老板；2）管理内部与外部的资源；3）管理甲方；4）管理团队。管理中没有大事与小事，也不存在抓大放小之说，任何出了问题的事都是大事。

要控制好项目的进度，让项目按照自己的进度（韵律）进行，而不完全被甲方打乱阵脚是一个关键的事情。当然这又回到了本身的业务能力、职业素养与公司实力。另外很重要的一条是向上管理，也就是要"管理好"你的领导，了解领导的工作风格与方式，让领导更助力项目的进展。

总结：项目管理是一门实践的艺术，只有通过不断的实战经验的积累才能越来越好。

十、心理素质＋人文修养篇

说到最后，决定一个项目是不是能够顺利进行在于人的因素。除了智力与能力外，负责人的态度、无论如何必须做好的耐力与决定（心力）、最大限度地发挥自己的主观能动性永远是项目成功的保证。这就是所谓的"精诚所至，金石为开"。在纷纭的事物中，要聚焦在做事上，坚持做对的事情，因为把事情做好符合所有人的最大利益。

每个项目的过程像婚姻一样，都会有一个美好的开局，有一个磨合的过程，直到走到最低点，如果走过了最低点，事情才会开始有希望。我没有说好事一定要多磨，在很多时候多磨了也没有好事；但是不痛不痒的过程一定会带来不痛不痒的结果。项目负责人需要宽泛的人文修养与曲折的人生经历。专业知识与人生经验的积累是永无终点的，项目负责人应该有自我学习的能力。

总结：热爱艺术与自然，创造美好的景观是风景园林师的生活方式与人生追求。要有坚强的心理素质，有志者事竟成（Where there is the will，there is a way）！

十一、社会责任篇

作为项目负责人不要做违法的事情，也不要做有违良心与良知的事情。景观设计是一个社会性很强的专业，你应该关心社区、城市与国家的事物，积极投身于社会改革于社会改良。具有国际视野，破除一切狭隘的观念，做一个世界公民。生态设计、可持续的社区与反应地域文化的当代的景观，是当今世界的主流。风景园林师应该与同行一起参与到这个世界性的潮流中来。

总结：做一个专业的人，更要做一个遵纪守法的好公民。

第三部分——互动式交流

杨　锐：　　宝章师兄做过老师、设计师、项目负责人、公司老板，他的公司也是国内成长最快的景观设计公司，现在一共有多少人？业务增长率如何？

李宝章:	大概 500 人，7 个分公司，奥雅公司在前八年几乎是以一年翻一倍的速度发展，现在的发展要平稳得多。
杨 锐:	这个可能要等他的夫人具体来讲了，但是我们可以看到在云山雾绕里面，宝章师兄还是给我们点了一些线索。我们现在先开始第一轮提问，循着这些线索来问宝章老师，你们问得越深入，问得越尖锐，你们获得也就越多。
学 生:	李老师您在课上提到"If you do not know what to do, others always do"，那么您的"what to do"是什么时候确定的呢？同时您确定的是什么呢？这个东西是否有一个阶段性的变化呢？
李宝章:	我现在倾向于相信，几乎你在你出生的时候是什么样调性的人，你就是了；所以你真正想做什么，可能你自己都不一定知道，别人就更不知道了，是吧？我可以告诉大家我想做什么，我是一个情感很丰富、意志很薄弱的人（笑）；我可能还有一点聪明，不然考不上清华。我可能是从我妈妈这边遗传过来了一种很强的意志，那就是我这辈子一定要做点什么才能对得起自己的人生。我本人最害怕的一件事是不痛不痒地活过，并无所作为地死去。我 15 岁的时候读了点儒家的东西，觉得很棒；我愿意不断地上进、实现自己的意愿、为社会做点贡献。恢复高考后，我阴差阳错地上了清华建筑系。
	我是一个对自己要求很高的人，不然我也不会从清华跑到国外，然后又从国外跑回来。因为我觉得我可以做一些事情，能让我觉得我活着是个样子，虽然我自己意志也并不是特别强大，但是我坚持要实现自己的追求。我相信我们每个人心里都有对自己的期待，都希望向世界呈现出我们自己人性中高尚与高贵的那一面。我在我自己的博客里曾经写过：我相信上帝在创造我们的时候，都给了我们最好的一面，都给了我们一个很大的潜力；对我来说，所谓人生的意义就是尽自己最大的努力达到生命力里潜力的最大价值。我希望这回答了你的问题。
杨 锐:	现在奥雅公司里面有多少项目负责人？
李宝章:	让我统计一下，看看我们有多少个项目组。上海现在是有 120 多人，有七八个项目组，深圳有十几个，北京大概有七八个。再加上分公司的，大概有 30 个左右项目负责人吧。
杨 锐:	一般项目负责人大概是什么年龄段？你们公司里最小的是多大，最大的是多大？
李宝章:	一般来说能够成为项目负责人起码要有 7 年的工作经验，也就是起码要三十一、二岁，再做 5～7 年就能够升到高级项目经理，然后就是总监了。在奥雅，可能我们更是把项目经理与高级项目经理看成项目负责人，那么最大的年龄也就是在 38 岁左右。
杨 锐:	这些项目负责人一般都是什么专业？什么专业最多？
李宝章:	主要都是学景观设计、风景园林与环艺设计的。现在来说环艺可能最多，其次是风景园林，比如北林、南林的毕业生。因为近年来才开始有比如清华、重建工、西建大等工科院校的景观学（或风景园林）的毕业生，所以这些院校的毕

业生做项目负责人的人数还不多。但是大趋势是项目负责人的人数构成应该调过来，也就是工科院校的最多，其次是风景园林学院的，今后环艺专业的竞争力会越来越小。

我这样说的原因是景观行业用杨老师的话说是多元融合、多尺度、多学科跨界的一门综合性行业，好的景观设计师必须具有宽泛的人文修养，并且还要尊重常识，最好是有社会活动能力的人，如果家里有从商的经历那就更棒了。当然，你要有责任心、积极主动、要有负责任的意愿才行。

杨　锐：　从项目负责人到总监，除了年限之外，你们还考虑什么？

李宝章：　严格地说总监应该有 15 年的工作经验，因为对于景观行业一个专业人员如果把该遇到的问题都遇到了，并且还有自己的一技之长大概需要这么长时间。当然，在经济高速发展的中国，所有人都升两级，所以你会看到年纪轻的这总那总的。

在奥雅公司作为总监意味着你能带领你的团队，在大部分情况下可以独立地满足公司品质与运营要求地完成项目，用通俗的话说就是具有搞定项目、搞定甲方、搞定团队与搞定现场的综合能力。奥雅对总监及项目负责人都有具体的评判标准（也就是 KPI），奥雅的 KPI 主要综合了品质、效益、创新、团队认可度（你是不是关心团队，包括对他们的培养），以及与公司的价值观与设计理念保持一致。与公司的价值观与设计理念保持一致在奥雅非常重要，奥雅一直以来强调以品质为核心的公司发展，项目管理与日常运营。如果一个项目负责人在奥雅具有做出出色项目的能力，同时又对公司综合实力的增加有贡献，我们会首先提拔这样的人做总监。

杨　锐：　总监和合伙人的区别是什么？

李宝章：　合伙人的首要条件是与公司志同道合，认可公司的价值观与做派并具有相关领域里对公司的生存与发展至关重要的能力。比如，可以做出代表公司水平的设计，比如有公司需要发展的新业务的技能，又比如在公司工作多年后有综合的管理能力可以承担一个分公司的领导职位。

杨　锐：　奥雅现在有几个合伙人？

李宝章：　到目前为止只有我与方悦总两个人。我们知道合伙人制度是最终的走向相对稳定的"百年老店"的必由之路，等到中国的景观行业的发展相对平稳后我们会参照国外设计公司的合伙人制度，使更多的人以合伙人的身份加入到奥雅这个平台上来，真正实现，用我自己的话说，让奥雅公司完成从一人所有，到一家所有，到大家所有的转变。我们认为当市场走向成熟时，合伙人制度是设计公司的必由之路。

这个说了，奥雅公司已经通过"准上市公司"的模拟制度给主要的技术与管理人员以股份的提成；我们分公司负责人的收入会占到分公司利润的 10%。我们的这些制度保证了奥雅公司的中高层人员的相对稳定。

杨　锐：　一个项目负责人在奥雅里面他的权力、责任和利益是如何平衡的？

李宝章：　　　我上面讲了，我们主要是通过 KPI 来管理项目负责人的业绩，而且这个 KPI 指标的设置是综合与均衡的，奥雅公司的管理在业界也相当知名，我觉得这与方悦总在普华永道这样的会计师事务所的工作经历有关。

　　　　　　　我们在项目负责人的业绩评估中特别强调综合与均衡，我们认为单一的目标取向，尤其是太注重效益，都是不好的。在奥雅公司一个项目团队的效益，跟他们对公司文化的贡献、新产品的研发、团队的建设、个人能力的增加一样重要。这 5 项指标在没有计算机系统之前是很难算出来的，但现在只需要输入数据就可以了。我认为一个公司的考核制度集中而具体体现了公司的价值观与行为方式。

杨　锐：　　　那项目负责人在公司里面得到授权，他的资源和权力有什么？

李宝章：　　　奥雅公司有统一的市场，统一的运营，统一的人事与市场支持（或者说领导），但是我们基本的运营单位还是以一个项目负责人加上他带领的团队为运营单元的模式。这个模式给了项目负责人相当大的授权与主动性，也就是说，实际上一个项目从头到尾都是项目负责人来管理与负责的，包括甲方的满意度、设计的品质、公司内部的协调等。而我们的项目总监有时更是设计技术的支持。

杨　锐：　　　一个项目负责人一年的收入能有多少？

李宝章：　　　在奥雅从三十多万到五六十万都有，总监的工资从五六十万到一百万。奥雅的工资不是最高的，但也不低。

杨　锐：　　　总监这个级别还做项目吗？

李宝章：　　　奥雅是一个扁平化的公司，除了行政人员外所有人都要在一线做项目，都要到一线提供服务。我们希望奥雅的总监都是行业的专家，在特殊设计领域是里手。也就是说，总监应该帮着项目组把设计的品质做到最好，在组里面有困难时帮助项目组渡过难关。所以，如果我们对项目负责人的要求是不败，我们对总监的要求就是要把项目做得精彩。总监应该做出公司的代表性作品，我们对总监的考核最重要的指标就是在总监指导下的规划与设计是不是给公司的品牌加分了。

杨　锐：　　　把您的脑袋清空，回答这样一个问题：给我们三个关键词，就是作为一个合格的项目负责人，哪三点是最重要的？直觉，不要想。

李宝章：　　　第一，倾其所有，尽其所能，尽最大努力把项目做好；第二，因地制宜，因时制宜，事事时时围绕着"创造价值"行事；第三，先把项目做对，保证不败，再努力把项目做好，尽量出彩。做好项目负责人几乎是一个精彩人生的缩写，一要"道法自然"，要做"应该做的事情"；又要"无所住而生其心"，要不执着，时时用清净之心应付千变万化的世界；还要保持自己的理想与信念，要通过真正地努力与付出让世界更美好。

学　生：　　　作为风景园林设计师而言，成为项目负责人的专业背景有多重要？是个人能力和人脉比较重要，还是专业背景比较重要？作为团队的成员，您对项目负责人的期待是什么样子的？因为学 MBA 的人和学风景园林的人来管理一个团队是完全不一样的，所以在选择项目负责人的时候是不是要看专业背景来选择一致的人？

李宝章：　　按理说，项目负责人是技术与管理都好，但是现实中这样的人不多。大部分情况下项目负责人会偏向其中的一面，这就要求项目负责人根据自己的情况来组建团队。拿我本人来说，清华的传统是技术比较好，但觉得管理好烦，所以我喜欢跟有管理能力的人一起工作。按理说具有专业经验的人再有管理能力是项目负责人的最好人选，但是项目负责人的最好人选是能把项目负责好的那个人，而不是论出身。传说中有个国际大公司的项目负责人就是从做翻译上来的，本人是学外语的，因为跟最好的外籍总监工作多了，他最后完全知道甲方要什么，完全知道设计的结果该是什么，并可以带着一帮设计师就把这事儿做了，这是我听到的极端的例子。我们这儿也有一个极端，方悦总带着做最好的城市规划和儿童公园设计，而且也可以用画图指导设计人员工作。

　　　　这就是为什么我在本节课的十一篇里除了一两篇讲专业，其他都讲的是政治、经济、价值观、团队、合作、人品、修养与做事方法。因为，所有的事情做到最后是关于人，这就需要我们必须要有宽泛的人文修养。我们的教育特别缺少文人素质的培养，清华教育出来了很多有高效、高性能的但是没有导航仪的飞行器。这就是为什么即使是我们的毕业生，才只有不到5%的人可以真正地成为推动社会发展的那种人。

杨　锐：　　奥雅的项目负责人里有多少是设计出身，有多少不是？

李宝章：　　项目负责人中，包括项目经理与总监，设计背景的居多。我们有一些外籍的总监需跟国内的项目经理一起才能工作，如果这个项目经理能和他工作到一起，那这个团队就会特别棒，如果不能这个团队就垮掉了。

　　　　所以刚才那位同学问的问题没有定式，合格的项目负责人就是合格的项目负责人，是能够合格地负责项目的负责人。虽然人选没有定式，但总体来说，偏综合的、有眼光的要比偏设计轻管理的人要好；但是最好的项目负责人都是两方面最好的，才能做出最好的项目。

学　生：　　作为项目负责人可以选择团队的成员吗，还是公司指配的呢？

李宝章：　　对于公司来说，我们支持项目负责人选择自己的团队，公司的人事与运营也会为你的选择提出建议。当然，这种"体制内的选择"是双向的。

杨　锐：　　团队是固定的吗？

李宝章：　　是固定的。团队不是一帮人放在一起就是团队了，好的团队需要一段时间来磨合。

杨　锐：　　有没有一些人各个团队都不选？

李宝章：　　当然有，这种人最后只能离开。

学　生：　　您在当年选择创业的时候，是因为自己有这个梦想的驱动，还是您看到周围已经有这么大的市场了，有了一个很明确的未来您才去这么做的？

李宝章：　　创业当然是主观的意愿，有意愿才会有机缘。我1999年在香港开始创立奥雅公司的时机特别好，那时国内的市场需求上来了，但是来国内提供服务的大多数都是境外与香港的公司。另外，我又是清华建筑系毕业的，当时有许多清华同学资源。即便如此，创业对每个人都是极大的挑战与极大的人生磨炼。当然，这完全可以是另外一节课的话题。

我的时间真的超了，多谢大家！多谢杨锐老师的邀请！

（注：2015年4月，李宝章老师根据课堂记录对文字内容进行了增减与调整，以便于本次出版使用。）

第四讲

职业风景园林师的沟通能力和沟通技巧

主　　讲: 陈跃中
后期整理: 叶　晶、马之野
授课时间: 2016 年 10 月 14 日

陈跃中
David Yuezhong Chen

易兰规划设计院创始人、首席设计师, 美国注册景观规划设计师; 中国建筑学会园林景观分会副主任委员, 中国城市规划学会城市生态规划委员会专家委员, 美国环境景观协会会员, 联合国人居环境奖获得者; 清华大学建筑学院、北京林业大学园林学院、天津大学建筑城规学院、北京大学建筑与景观设计学院客座教授。

陈跃中先生是"大景观"理念的提出者和倡导者, 城市街景设计研究中心发起人。曾先后创立 EDSA 亚洲及易兰规划设计院两家知名设计机构, 并于 2015 年带领易兰成功挂牌新三版。在其近三十年的职业生涯里, 曾主持规划设计过许多国内外大型项目并获得众多奖项, 其作品致广大而尽精微, 既能从宏观上规划整体把握区域关系, 又能深入微观尺度, 创作出一个个精彩的场地。凭借其在设计行业的突出贡献, 曾荣获 2006 年"亚洲顶级建筑规划设计大师"称号, 并由联合国授予"人居环境贡献奖"。

杨　锐： 今天我们有幸请到陈跃中老师来上这节课，陈老师除了是易兰的总裁，也曾创办了中国的 EDSA。陈老师有建筑学和风景园林学的双重背景，在国内和美国都接受了风景园林方面的教育，不管是从实践方面，还是在思想方面，都有非常高的成就。此外，陈老师对于风景园林师应该具有什么样的沟通技巧非常有发言权，他的图面表达、文字表达、口头表达都是非常强的。我们今天想请陈老师来给我们讲讲风景园林师必备的沟通技巧，请大家欢迎。

一、开场概述：沟通对于景观设计实践的重要意义

陈跃中： 各位同学早上好。我对于我们实务课程的理解是这样的：请一些业内的一线设计师来给大家授课，交流一些理论学习之外的实际工作，当我们遇到问题时，应当如何解决。以及大家将来如果毕业、创业，在工作中、实践中，如何和甲方、政府等各方面的人打交道，如何使你的职业生涯能够顺利发展等问题。

前面已经有几位老师，也就是咱们业内的老总跟大家交流过，我也不知道他们讲授了哪些内容，如果我讲课中有重复的地方，大家可以提出来。刚才杨老师也介绍了，我在国内学了建筑，然后又去美国读规划和风景园林的硕士，在三个领域里做了大概二三十年。我简单介绍一下我的个人经历，我原来在美国 EDSA 工作，组织创立了 EDSA 在中国的亚洲分部。2006 年我离开了 EDSA，又创立了易兰。两个公司在国内应该说都是顶级的事务所，所以我有资格站在讲台上，和大家分享一些东西。但是说实话，在这个领域里面我们都需要互相学习，这只是一个沟通过程，永远没有止境。

今天我重点不是说我们怎么做设计，怎么形成一个好的方案构思这些内容。我是做一个命题作文，讨论设计师在工作中怎么沟通，不光是与设计师，还包括与各种行政人员，甚至和事务所的员工和同事们，应该如何沟通。大家都是研究生，马上就会面对就业问题，你一定会步入现实的世界，希望我的讲课会对你们的将来有帮助。

首先咱们看看哲人、先贤是怎么谈的沟通。例如说安迪，他认为有效的沟通取决于沟通者对议题的充分掌握，这是沟通中很重要的一点。

今天我主要跟大家分享三方面的内容，第一，"沟通是什么"，它有多重要，设计师的沟通是什么。第二，沟通里面有哪些元素非常重要，什么因素阻碍了沟通。第三，沟通方法在日常工作中，我会为大家设定一些沟通的方法。如果你面对一些问题，比如"我作为一个设计师我要学会沟通"，"从小学到现在这么多年了，我能不能改掉我的一些惯性模式，有一些东西能不能提高"，那我会给你一些方法。帮助你了解到在汇报的时候要注意什么，在面试的时候要注意什么，这些小诀窍立马就可以用到。

这三方面内容都是实务性的经验总结，希望能被运用到你们的实际工作经历中去。

二、沟通是什么

1．沟通是理解

第一个 Understanding（理解），这是最重要的一点。沟通一定要先建立起共识系统，也就是说，用的词和概念必须是一致的。给大家举一个例子，比如说两个人吃苹果，其中一位说苹果是甜的，可能另一位说苹果是酸的，这种场合下，他们两个人讲理永远说不清楚。为什么？可能在一定的环境和人群里，第一个人从他小时候第一次吃苹果的时候，他母亲就告诉他这个是甜的；而在另外一个环境下长大的孩子，吃第一口苹果的时候就将它定位是酸的，这个时候他的头脑中关于苹果的所有印象就是酸的。以上的例子只是先给大家说明一下沟通为什么这么重要，为什么我们需要沟通。伏尔泰有句很重要的格言，他说 common sense is not so common。他跟卢梭在学术上争论了一辈子，卢梭说包括人权在内的这些东西就是常识，是 common sense，伏尔泰就说 common sense is not so common，也就是常识并不和想象中一样，是被普遍接受的状态。当你迈出第一步的时候，你可能会发现，大家想的并不一样，原来不是这么回事。所以即便帮助我们沟通的工具，比如 PPT、动画、甚至 VR，会越来越先进，但是人际沟通还是最基本的技巧。即便设计师觉得很喜欢也很新潮的东西，拿去给甲方汇报，也会有失败的时候。为什么？因为他们没有用最为关键的语言去影响听者的感受。即便偶尔也存在汇报者利用视觉技术之类的工具把甲方说服的情况，但现在的甲方见多识广，他们对于技术的识别力跟我们大家是同步增长的。一开始你们可能把他们搞定，但是慢慢的，就会被甲方洞察其中的不足。我们易兰就永远站在技术的前端，也许能比甲方领先几天，多搞定几个项目，但是过一段时间这套技术成为通识了，于是我们又失去了短暂的优势。由此可见，最重要的工具还是人际沟通，任何技术都不可能甩掉人际沟通的技巧。这套方法，从孔子、苏格拉底的时代就开始了。待会儿要讲的孔子和苏格拉底就是两种完全不同的沟通技巧，从一定程度上也奠定了东西方的文化差异。尽管技术在不断的发生改变，但人际沟通的技巧几千年下来始终没变。我们在大学里面学的是技术，沟通的技巧实际上更多要靠个人自己的领悟。

2．什么是有效的沟通

咱们谈了沟通。什么是 effective？就是有效的沟通，品质最好的沟通。是什么？就是你真正的在交流共享信息（communicating information）。你的话语是保证别人听到，并且能深入理解你讲的所有信息。这些都指向了心和心的沟通，并不是用技术和好的设备就可以解决。例如大家都熟知的毛主席，他就是一个非常优秀的沟通者。虽然他的文采特别好，但是他的话农民都能听得懂，因为他从来不跑到农民那里引经据典。当时的很多其他人，比如大家熟知的王明，都是留洋回来的，见多识广，而且不见得比他学识能力差。为什么毛主席成功了？因为他的话谁都能听懂。沟通的意义不仅仅在于你表达了什么，更重要的是别人从你的话语里收获了什么，这是有区别，也是非常重要的方面。你看刚才我说的苏格拉底就很少说话，他都是问问题，我们的杨锐老师也是问问题，这是一种智者的行为。有的人老在说，他让你听让你做，但你能感觉他的谈吐之间是没有多少有营养价值的东西的；有的人就问你几个问题，启发你思考，但他的每一个问题都让你前进。苏格拉底就是这样的，一般人跟他辩论，他只需要问三到四个问题，就能让对方败下阵来。他没有任何说服对方的过程，只用问题来引导你思考，这就是一种很好的沟通方法。好的沟通是让你思考，而不是他一个人口若悬河你却没有任何收获。后面我们也要讲到，越朴实的语言越有力量。有些很有成就的人，往往说话非常简单、直白。大家要明白，语言中装饰越多，很可能它的内涵就越少。

3. 沟通三个方面：初心、理解和接受、明辨是非

关于有效沟通，首先，大家需要有一个清晰的沟通目标，目标有三个要素需要注意。

第一是你必须知道你自己要沟通什么，有的人自己说着说着就不知道自己的原点是什么，忘记了自己的初心。现在"90后"老讲初心，一讲初心诗意就来了。初心是什么？初心是禅心，有初心的人他能每时每刻都能回到初心。就像一个男生早上站在秤上，160斤，他一离开称，指针马上就会回归到零，初心思维就是这样的。爱耶尔，这位英国的哲学家告诉我们初心很重要。你看王阳明也是这层含义，有些人受到各种的教育，学这学那，最后他回不到零了，他永远带一个有色眼镜在看待任何事物。比如说我们在看奥运会，我们能不能是用一个初心看奥运会？不去计较胜负、金牌数、排行榜，只关注比赛本身的过程。99%的中国人都不能，因为他是中国人，最起码戴着中国人的眼镜，无法回到初心了。但是对于沟通而言，你要想判定是非，你必须有能够回到初心的能力。有些人可能一个月回去一趟，反省一下，有些人可能一辈子回不去，有些人每来一个问题他就能从原点看问题，这就是禅心，初心就是禅心。东西方对于沟通的理论本质上来讲也是相通的。第二是对方能够理解和接受。这个刚才已经提到了，第三是你的技术、信息、思想、情感、手势必须是一致的。我们看到有一些大型的国际会议，有些演讲者他是念稿的，说的是惊天动地的事，但是他的演讲状态大大减弱了他的影响力。

我们大家思考沟通的是什么？首先是对于信息的处理，我们生活在信息时代，网上有各种人的言论会影响我们思考。今天我在楼上讲课，明天楼下可能会做一个备受瞩目的公共课，其实都是在给你们灌输思想的过程。我们听谁的？我们还能不能找到自己？西方很多的大哲学家，包括近现代的艾耶尔都在强调一件事，就是当人类进入一个新的时代，各种信息太多，要怎么明辨是非？王阳明也是这样的观点，心学的目标就是要明辨是非，不管他明辨了没有，他都是在做努力。

明辨是非最重要的尺子是什么呢？比如说别人问你，我们理想的社会究竟是

一个什么样的状态？柏拉图说是理想社会乌托邦，我们说是共产主义。别人在争论这个的时候，你大可以堵起耳朵不去接受任何观点，正如艾耶尔所说，如果论述无法在我有生之年被验证，我就有不接受它的理由。如果真的想关于这些做深入研究，你就需要做对比实验。这个听起来很无理、很残酷，但却是你人生获得捷径的重要标志。如果对于一个事情或一个观点无法验证的时候，就不要再浪费时间。因为你不管是同意还是争论，都是毫无意义，没有结果的。这个引发到政治层面也是一样。我给你们举一个例子，大家知道美国的前国务卿是一位黑人女士，赖斯，她是一位非常优秀的黑人女性。美国是一个开放的社会，所以可以接受黑人女性担任国务卿一职，但即使可以，它也是一个非常敏感的社会，非常强调政治正确，你如果在不恰当的场合说了关于黑人的轻率观点，你很有可能这辈子都不能去教书了。不能说，并不代表人民心中不存在其他想法，相反，这些想法不仅是存在，而且是被允许的。真正在美国工作的时候，你永远找不到别人对于黑人的任何歧视或侮辱性的语言，但是你会处处有感觉，例如别人可能会说黑人区怎么社会治安这么乱，其实就是一种无形的隔离。作为黑人，也会一下子就受到很大自尊心的伤害。这种似有非无的歧视始终存在，但是没有任何人敢在公共场合这样谈论。比如说"亚裔吃的东西不健康"，这绝不能在公共场合说的，但是不代表人家不开个玩笑。这种似有非无就会影响到妇女、影响到少数族裔的升迁。当赖斯从耶鲁大学毕业，终于坐上了美国的国务卿位置的时候，记者就问她说，作为一个黑人你怎么考虑种族歧视的问题？众目睽睽之下，你想她会怎么回答？如果是一般人，肯定会说我们这个社会是很不公平的，我们一定要继承马丁·路德·金的精神，我们黑人一定要努力。她自己就是一个证明，她已经成功了。但是如果她这么说了，就进入了是非圈。所以她是怎么说的？她说每天都有各种的问题困扰着我，但是我有选择不去思索一些事的权利，对于这个问题，我知道我放再多的精力进去也是没有答案的。大家想一想是不是，如果这个问题一直困扰我，没有答案，我可以暂时选择不去考虑。和第三句话表达的意思不谋而合：一个句子来了，这个句子只有在被经验能够检验出来才有意义；如果它不能被检验，就不去理它，它没有任何意义。我们想一想，我们是不是每天都被这种错见所包围，被各种东西所干扰？但只要我们仔细分辨，哪个可以被检验，哪个不可以被检验，我们就能判断这些东西对我们是否有营养、有价值。如果不能被检验，只是一个说教，那都可以丢进垃圾桶。通过这种方式，就能使我们在比较透明和单纯的环境里面学习和思考问题，这是艾耶尔给我们的启示。

4. 沟通重要性

1）使我们观念保持一致

沟通对于设计师为什么重要呢？因为它能使我们观念保持一致。我们有想法就要相互谈论，不同小组间的组员一定要相互讨论，以减少设计工作上的意见分歧，这样我们才可以去说服别人。在工作岗位上，我时常见到我们聘用的设计师，绘图能力很强但沟通能力很弱，每天趴在那里画图，从早上画到晚上，也不和同事和甲方沟通一下。很不幸，这些设计师也许设计水平很高，但是往往并不能给公司带来价值。他们有自我价值和认知性，我的图画得非常完美，没人比我出色，但是给公司能带来什么价值？产品得卖出去，有人买单才行。这个现实社会就这么残酷，不管你是卖萝卜、卖黄瓜、卖设计，你得卖出去。在这种情况下，"沟通"和"吆喝"的作用是等同的，你不能卖出去你不就白画了嘛？所以沟通多重要。

2）促进思维的发散，构想新鲜创意

促进思维的发散，构想新鲜创意。清华很多时候做项目都是一组一组的，其中有一组就是思维发散。我有一个年轻的助手，有时候我让他管一个小团队，他过两天跟我说，陈总，我不能管。你让我自己画，我加班多累三天我都能给画出来，但我现在带那两个笨蛋，我还得教他们，画完还得改，还不如我自己画。我想我们都有这个经验，带别人做项目比自己做更辛苦，但他只看到了困难的一面，而忽略了从中获得的启发。人们很容易把你得到的东西认为是你产生的，例如你老师跟你说了一句话，启发你，你却很容易忽略它的作用，将个人成长归功于自己身上。但你在跟小组共同工作的时候，你会潜移默化的受到启发，获得灵感，那一个奇妙的现象。一个小组合作汇总起来的成果，哪怕很多张三李四的东西对不上，你会发现无论是从工作量来说，还是总的效率来看，都比个人工作的成果好很多。虽然一个小组工作里面也存在很多的浪费现象，比如说，之前助手反馈的带别人还不如自己来做，这种埋怨是有的，但更重要的是，小组合作具有互相启发、互相激励的作用。我们总认为自己的能力是天生的，却没有意识到别人的启发同样重要。

当你认识到这一点，从今天的课堂走出去，并且有意识地观察别人对你的启发，你就开始了一个新的学习旅途，你会发现乐趣是无限的。要不孔子说三人行必有我师，他不是说真的三人行，而是说你的心必须要是敞开的。身边的每一个人的每一句话，每一个行为都很可能带给你启发，老师的、同学的、国内的、国外的、东方的、西方的，你越是这样时时刻刻的留心，你受到的启发就越多，这就是一个发散性的过程。

此外，沟通还可以疏导消极情绪，消除工作困扰，沟通也不完全是能力的问题，还跟人的个性相关。

3）利于项目的管理者了解进度

如果你是一个初级设计师，在你的工作岗位或者事务所里，你所做的任何工作的主要节点都得让你的上司知道。有的人一进了公司就开始闷头干，因为在他从小到大的人生历程中，他都是这么干出来的，他觉得我只要埋头干，我只要分数好就行了。但工作岗位和学习研究的环境是不一样的，处事规则也是不同的。善于沟通的人，他的上司知道他在干什么，遇到了什么困难，哪些东西需要解决；不善于沟通的人他自己闷头干，他老想最后我交卷让你们吃惊就行，他闷头画三天完成一个成果，但是这东西不是上面想要的。几次以后他就发现这家公司不适合我，于是他就换一家公司，换一家公司发现还是差不多的。为什么呢？因为进了公司以后规则就变了，在整个大项目里面，环节的作用显得尤为重要。你从现在退回到小学阶段，你这一路走来都是单打独斗，你的小学、中学、大学都是你交卷的结果，但是当你步入社会以后，规则就不一样了。你会有一个团队，你的项目负责人，你的总监，他必须了解每一个人的情况，这个团队的合成才能有效进展。所以你对上面的汇报，对下面的沟通，对同级的协调，这都是非常重要的内容。

4）增进设计各方彼此了解

最后是增进设计各方彼此了解。这就更重要了，在任何一个大的项目里面，肯定不止你一家公司，也不止一个部门。例如我当时在巴哈马设计亚特兰蒂斯酒店的时候，大概有 60～70 家不同公司的建筑师、风景园林师等各种设计师，还有搞生态、研究鱼类的各类学者，甚至开赌场的从业者，各方坐在一起讨论方案。这时候的沟通不仅仅是能力的问题，还有语言的问题。一会儿法语一会儿英文，如果你只是会画图的一个人，在这样一个大项目里，你的作用就更小了。所以大家可以看到，人生的不同阶段受到不同因素的影响，有些因素在你单打独斗阶段很重要，有些因素则在团队作战里面很重要。还有些因素，在跨团队作战的时候，变得更重要。

第一小节就讲了我们怎么样理解沟通的技巧（skill），让大家了解了沟通是基础性的技能。以前老说这个人特能说话，好像是一个贬义词，虽然从某方面来看，"能说"也未必意味着沟通，但是至少表明你这个人在表达方面，还是有进步的空间和潜力的。沟通是基础（fundamental），是你的职业素养（professional practice）。我是美国的注册景观师，20 世纪 90 年代就通过了，在杨老师的促进下正在努力推进中国注册风景园林师制度的建立。注册风景园林师的考试里面就有 writing，你需要用英文清楚明晰地表达很多方面的内容。这不像写作文一样直白简单，你需要知道关键点在哪里，然后才能进行阐述和表达。

三、沟通的三个重要元素

接下来，让我们继续来看有哪些因素会对沟通产生影响，只有明白这些才能够增进我们的沟通。第一，是环境对沟通的影响；第二，是个性对沟通的影响，就是你的 personality；第三，是文化，就是你所处的企业对沟通的影响。你在清华和在工地这两种不同的状态下，你该如何与不同的人沟通。在学校，你要跟老师把目标谈得很理想，把理论做得很扎实；而在工地上，混凝土要浇铸多长时间，你得逐字逐句地跟工人沟通，才能把设计落地。为什么我们易兰落地性很强，项目能很好得按照设计的要求实现？就是我们运用了不同的语言模式，在工地是工地的沟通模式，在清华是清华的沟通模式。

此外，关于环境对沟通的影响，告诉我们在什么环境下用什么样的语言进行沟通。

1. 环境对沟通的影响

咱们先看看环境对沟通的影响。我这里主要讲的是学校环境和工作环境的异同。学校作业（school work）和风景园林实践（landscape practice）不一样，在学校里面是一个大家一起，相互平等的环境，每一个人都努力学习，互相合作，课程一结束大家就可以自由活动。但在工作环境里，可不是一个大家都同等的地方，每一个人都在团队里扮演一个角色。易兰是一个很特殊的地方，易兰事务所是国内第一家同时具有城市规划甲级、建筑设计甲级，风景园林甲级，三甲资质的民营景观事务所。我们自认为城市规划和建筑设计要为风景园林规划和设计服务，我们叫大景观。景观是做城市规划的，是指导建筑设计的，我们实现了其他事务所的理想。比如说我们现在拿一个项目，团队里有环境规划师、城市规划师、建筑师、风景园林师等各类人群。你是谁，你是一个人，但现在咱们大家一群人都是一个角色，都是 landscape designer，还不能是 landscape architect。咱们这一教室的同学都可以叫 landscape designer，但是你真正到了设计单位，你们都必须承担起各自不同的角色，不能够对上司说我没学过这个。例如生态方面，我们现在正在做邢台新区的一个项目，一片十几公里大区域内的生态修复。道路该怎么设计，湖水怎么灌，都得基于我们地下生态矿坑的塌陷区划定。生态定不住，楼就不知道往哪里搁。景观的湖泊，如果挖错了地方，就得塌陷。所谓一环套一环，这就是工作不一样的地方。每个人都是环节中重要的一环，容不得说我不行，不能承担，因为没有你这个环节，这个项目就无法正常运作。在学校我们是平等的，水平差不多，都在扮演学生的角色，这和工作岗位很不一样。学校环境是一种阶段性的工作，例如 studio 的任务、课程的任务，我们熬个夜，把任务完成了就可以得到阶段性的休息。但工作岗位不一样，工作环境是一个长时间的行程安排，也叫做 long hour，工作完了交图了，再以后策划下一个 long hour，也许刚交完图下一个任务就来了，跟学校的节奏很不一样。有些人适合干这种 event 的专业，全部的热情集中在一件事情上，热情迸发，一件事做完了就蔫了，干不了第二件事。工作岗位上也会有这样的一些人，也会取得一些成功，但这类人不是公司最需要的人。公司需要的，其实是一种很理性的人，他也许没有那种集中性的 24 小时熬夜的时候，但他一直在走、在前进，就像是长跑一样，他按照自己的节奏，慢慢奔向成功的终点。总而言之，学校和工作，这是两个非常不一样的环境。在学校里面，你没有上级也没有下级，大家都是一种很平等的状态，但是到了工作岗位，你就不得不去面对很多类似的问题。我在这里说不是在宣传自己的公司，但易兰真的是很特殊，各个方面都很特殊，为什么？易兰的设计师没有固定工作时间，完全靠自己自由安排。你听说过有这样的景观事务所吗？没有打卡考勤，九点上班没问题，下午上班也没问题。你不一定非得在工作室工作，你甚至可以在家里工作，易兰是第一家做到这种程度的公司，因为我们做了一个软件管理系统，只要你能最后完成工作，你可以选在天气好的工作日郊外爬山。此外，关于超时工作（long hour），这都是关于设计师的天性，设计师是什么人？设计师自以为是艺术家，但是他一进工作岗位，他就知道自己不是艺术家，因为艺术家只要表达自己，就可能收获成功，但是设计师要处理很多艺术以外的东西，也就是很多现实问题，这就需要沟通。现实即便如此，设计师心中也一直都有一个艺术家的梦想，他要自由，他要天性，他才能够产生构思。所以什么样事务所最好呢？最好是能在家办公，随时都自由的事务所。与此同时，设计师又很现实，你让我自由的同时，是否能保障我基本的物质需求呢？怎么办呢？于是我们设计了一套有效的设计管理系统。大家可以去市场调查，我敢说99%的设计公司，基本都不会付出加班费。因为设计是一个持续性的过程，我坐在工作室在做设计，我回家也在思考设计，怎么能算加班费？公司不可能完全按照你的付出给予加班的补助啊。但易兰就可以，你工作加一个小时给一个小时，加两个小时给两个小时。正因为有物质保障，才能把设计师的创意激发出来。

2. 个性对沟通的影响

我们有不同的个性，如果从心理学角度，可以总结出6个大的类型，对于设计师来讲主要是两大类型，简化叫内向型人格（introverts）和外向型人格（extroverts），我给大家举我自己的例子。我有两个孩子，一个女儿一个儿子，现在都在美国念书，一个上研究生，还有一个在念大学。这两个小孩是不同的性格，一个是内向型人格，另一个是外向型人格。我待会就做一个测验，给你们测一测，了解一下自己到底是什么性格。实际上，我个人就是一种内向型人格（introversive），我会为演讲授课之类的活动而紧张，但因为我现在老在做管理工作，所以稍微改善了一些。但是内向型人格对于社交活动就不是非常擅长。比如说要跟客人打交道，或者参加一个学校组织的学术活动，需要准备一些公众演讲，他就会变得特别紧张和有压力，甚至连心跳都无法控制，但是每一次活动完了之后，他又觉得挺好。再比如我们同学之间有一个家庭聚会，你也去参加，男朋友陪同着过去，跟我们同学见见面。你会变得特别紧张，这种紧张不是来自内心的自卑感，而是觉得非常麻烦和尴尬，但每次活动结束之后又能恢复一个充满活力的自己。这种内向型人格的设计师有很多，公开的社交活动能消耗他的精力和能量。什么叫外向型人格，就是一有上述类似活动的时候，他的眼里就放光，他能够从集体生活里面得到能量，每当活动的时候，他一点都不累，相反会觉得特别满足。我在当学生干部的时候也经历过类似的状态，学生会给了我很多的压力和动力，让我逼着自己去思考和负责任，再苦再累也不会觉得。但这种不累和外向型人格的不累又不相同，有的人是天生的外交家，他就是很享受这种过程，所以大家要明辨这些，其实是两种类型的状态。据我观察，设计师还是以内向型为主，所以我们企业在招人和用人的时候，一定要注意这两种人的属性，让他们能各得其所。当然，也有一类人位于这两种类型之中，有的人在中间，有的人更有偏向性一点，一会儿会给你们做个测试，结果只有你们自己知道，不会公开给别人。如果你是个外向型人格，你应该知道自己的长项在哪些方面，如果就业应该选一个怎样的事务所？有哪些人际关系你比较擅长？你应该如何发挥自己的组织和管理能力？如果你是个内向型人格，那么你更愿意享受一个人的工作模式，你就需要认识到自己的问题并不断去改善自我的不足，一方面不要总是对社会和集体性活动产生厌恶情绪，另一方面也应该进行自我反省，我应该怎么更好的去面对这些我不喜欢的事情，这样你就会慢慢把这些事情看淡。除此之外，你也应该选择一个与他人不同的职业生涯模式，寻找适合自己的道路发展，最后是要成为一个设计的总监还是设计的主创。我们有很多的设计大师就是这么出来的。你不要害怕培养基本的沟通能力，因为你会慢慢发现在不改变自我个性的前提下，也能游刃有余地处理那些看似讨厌的活动和事件。你可以观察一下，那些在学术活动中做演讲的人，也并不是都能口若悬河、满腹经纶，你会发现有很多人的讲座也都是平庸普通、毫无新意。你会发现他们无非也就是站在那里而已，这么简单的事情我也可以做到，我也能站在那里，保持平稳的语速和心跳，来阐明我的观点，这样就足够了。不同的人选择不同的职业生涯。当你遇到挑战的时候，当你遇到那些看起来不公平的事情的时候，当你面对晋升不公的团队负责人的时候，你都应该坦然面对，这我早就知道了，我不适合干这个。这绝不是打消你的自信心，而是帮助你更好的了解自己，这就是进阶的意义所在。我们作为设计师，我们有自己很强的一些特点。现在把测试的问卷发了，用你们的第一感觉去填，不要根据我的讲课往好的方向纠正，该是什么样就是什么样，没有人看你的卷子，就你自己看，我一会儿会公布答案。内向型人格没有什么不好，也并不代表着木讷，每个人都是造物主所创造的独一无二的存在，你有自己的价值和天地，不存在优势劣汰之分。此外，如果你恰好是中间的类型，也是非常好的一种状态，都是上帝或者说父母赐予你的礼物。很多的哲学家说过，人类的全部智慧，大部分都来自于内省，这就是帮你内省的第一步。测试只有 9 个问题，所以大家很快就能完成。

人际沟通能力测试

序号	测试问题	A肯定	B有时	C否定
1	你是否时常避免表达自己的真实感受，因为你认为别人根本不会理解你？			
2	你是否觉得需要自己的时间、空间，一个人静静地独处才能保持头脑清醒？			
3	与一大群人或朋友在一起时，你是否时常感到孤寂或失落？			
4	当与你交往不深的人对你倾诉他的遭遇以求同情时，你是否会觉得厌烦甚至直接表现出来？			
5	当有人与你交谈或对你讲解一些事情时，你是否常觉得百无聊赖，很难聚精会神地听下去？			
6	你是否只会对那些相处长久，认为绝对可靠的朋友才吐露自己的心事与秘密？			
7	在与一群人交谈时，你是否经常发现自己表现得注意力涣散，不断走神？			
8	别人问你一些复杂的事，你是否时常觉得跟他多谈直是对牛弹琴？			
9	你是否觉得那些过于喜爱出风头的人是肤浅的和不诚恳的？			

我给大家公布我们的评分标准，选 A 的 3 分，选 B 的 2 分，选 C 的 1 分，最后大家全部叠加计算一下，就可以知道自己的人格类型了。第一档 9 ～ 14 分是一个外向型人格，他能从人际交往中获得能量。如果你是这样的人，你应该选择一个能够获得团队领导机会的公司去工作，第二档 15 ～ 21 分，你应该是一个平衡发展的状态，第三档 22 ～ 27 分是一个内向型人格，你比较适合在专业的深度方面去拓展，同时需要提高沟通的技巧。风景园林专业大部分是内向型人格的从业者，这是专业的特点。这就是为什么在咱们这个专业里面，如果你的设计能力和逻辑思维能力都比较强，而又属于偏向于外向型人格的类型，就有可能很快被事务所发掘，迅速加入领导队列的建设之中。

大家要明白，人的内心是和自己的成长经历密切相关的，它有一定的状态，需要剥开层层伪装，直视自己的个性。正如我刚才所言，人类的智慧 90% 以上都是内省产生的，通过问答审视自己的内心，进而产生智慧。

3. 文化对沟通的影响

我们最后再来看文化对沟通的影响，一个企业是有文化的，一个学校也有文化，清华的文化肯定就跟其他的学校很不一样。我们可以谈一谈维根斯坦，他是对于这方面研究比较深的人。我一开始就在说，有的人不断提出问题，有的人坚持答案。维根斯坦说，提出问题还是坚持答案反映出不同的态度和不同的生活方式。请大家记住这句话，在你的职业生涯中，一旦遇到问题的时候，你就反思这句话，在任何情况下你都是提问题者，而不是坚持答案的人。在我们的现实生活中，从同事、上司乃至甲方、市长，大部分都是坚持答案的人，这是一件非常麻烦的事情。为什么呢？我们国家对于逻辑教育比较缺失，我们有很多先验性的东西，例如说三纲五常、孔子、孟子都是在告诉你怎么做人，怎么做事，一些科学的定律告诉你方法和结果，你去执行就可以。久而久之我们大部分人失去了思维的能力，也失去了理性思辨的意识，于是我们就坚持自己的立场和答案，不肯妥协。

历史的长河中有很多哲人曾经照亮人类文明的道路，也为我们指明了前进的方向。维根斯坦的这句话对我来讲很重要，提出问题还是坚持答案，大家认为哪个更重要？在生活、学习和工作方面。

学　生：　都重要，总有问题也总有回答。

陈跃中：　遇到事情的时候，是提问题还是坚持答案更重要？

学　生：　先有问题才有答案。

陈跃中：　我们都是从没有答案的问题开始，慢慢推导，然后得到答案，这就是我们说的初心。对于一个问题先有答案，然后争辩，大部分人都是这样的模式，一定要努力去捍卫自己的答案。如果你是这样的态度，说明你的秤已经是不能归零的状态了，空转的时候已经 120 斤了。只有当遇到问题的时候随时在零位上思考，才是一个正确的态度。也许我现在给你们讲授的东西，你们还不能完全明白，但是当你们成长到一定程度的时候，就会注意到不同的人在面对不同问题的时候有不同的处理方法。理性主义的哲学传统开始于笛卡尔，强调提出问题。我刚才谈到的苏格拉底开始于最早的希腊时期，也是采取问问题的模式。在他的问题里，实际上你会得到答案，但他不会明确告诉你答案，而要你自己去慢慢体会和领悟。这点非常重要，如果日后要从事教育相关的工作，你一定要明白这一点，如何让学生更好地思考。

总结：理解和认识自己。刚才讨论了如何认识环境，如何认识你自己，这是对你的职业生涯非常重要的方面。

四、学习沟通的技巧

这一块是咱们今天最后一个内容，关于如何学习沟通的技巧。无论你是一个外向型人格还是内向型人格，你都要学习沟通的技巧。即便有些人不乐于沟通，有时候也需要反省自己，如何在让自己和他人都舒服的前提下更好地掌握沟通技巧。我本人比较适合小范围的深度沟通，虽然人少，但也不是一对一的模式。小范围式的闲聊，能把沟通的作用放大和延伸，也最能发挥我的个人能力。如果是几百人的大场面，我也会有点紧张和局促，只能提前准备好发言的内容，按部就班，很少有自由发挥的空间。我不知道在座的各位你们擅长哪种形式的沟通，这就需要你们的自省来发掘自己天生的潜力，你一定要充分了解自己，才能为自己创造一个合适的环境，放大自己的光芒。如果上面让你去安排一个会议，你有时间和权限去安排会议的场地、参加人数和整体布局，那么你一定要让自己能够舒适和自在，能充分展示和表达我的个人能力。

下面，我们来交流沟通的以下几个方面，关于汇报的技巧、倾听的技巧、草图的技巧、提问的技巧、行为的技巧。

1. 汇报的技巧：告别鸵鸟心态 不要拒绝沟通

首先要告别鸵鸟心态，不要拒绝任何场合、任何机会来锻炼自己。基于时间的限制，下面要讲的内容没有大道理，都是干货，大家要听仔细了，关于汇报的技巧如何提高。

1）"一次一个"原则

第一个原则是"一次一个"，也就是说沟通问题一次一个，一个沟通完了再沟通第二个。我给大家举一个例子，比如咱们在座的某一位男生，收到了女朋友的短信，说咱们的课结束之后一起去吃午饭，再去逛街，之后再去家里见家长，你同意不同意？面对这一串问题，应该怎么回答？这个男生可能对于女朋友的建议是这样考虑的，课程结束之后，我同意去逛街，但不同意去你们家。去吃饭这个事我还在犹豫，也许换一个地方会更好。所以关于这件事的回答就很复杂，第二点同意，第三点不同意，第一点还在犹豫。如果这两人之间长时间进行类似的这种沟通，肯定总是出现误会，日积月累，矛盾加重，很可能就会导致分手。

我经常收到下属的微信，说"陈总，我明天要出差，现在有三个事跟您汇报，第一件事是关于公司改革，有两种意见，您同意哪个？第二件事是关于公司的营销模式，您同意吗？第三件是……"。如果我说，我同意第一件事中的第二个，第二个和第三个和他理解的不一样。那么最后肯定会吵起来了，一开会全错了。所以我们应该怎样沟通？一次一个，第一个问题的答案没有进行反馈，第二个问题就不要发出去。例如：

女：上课结束了以后咱们俩去逛街吧。

男：可以。

女：去王府井还是去天坛。

男：天坛。

女：去我家吃晚饭行不行？

男：啊，去你家还不太方便呢。

女：嗯，好吧，那去你家可以吗？

男：好的，可以。

当然这个听起来有点像男生的沟通方式，特别简单干脆，真实情况可以再复杂一点。但想要表达的就是"一次一个"沟通的方式，沟通完了一个话题再进行下一个话题的讨论，没回答第一个绝对不问第二个。

任何一个方案汇报的状态也是一样的。今天 A 在会议上讨论一个问题，怎么讨论都无法得出结论。B 还有一个问题亟待商榷，然而在短时间内还是很难获得结论。如果此时 C 再讨论第三个问题，仍然还是无法得出结论的话，可能在场的所有人都有一种非常郁闷的感受。这些都是在现实工作中大家可能遇到的问题。一件事，如果这次讨论没有结论，那么下次讨论的时候，就一定要给这件事一个定论，之后我们才能再去处理其他的问题。

一次一个，如果他没有回答你的第一个问题，你再提两个问题他也回答不了。他回答不了的理由可能是因为工作繁忙、节奏太紧或者短时间之内无法理清逻辑，这时候你去找他，还连珠炮般的连问三个问题，很显然是在他的心里添堵。所以，一次只问一个问题，并且在得到对方反馈以后，再进行其他方面的讨论，这是进行有效沟通的第一步。

2）双方在相同层面上沟通

我们双方得用一样的概念，在一个层面上沟通。我们沟通的专业是同一个专业，我们沟通的情怀是同一个情怀，有的人非要把这些混在一起讲，就非常麻烦。比如我们要设计一个居住区，一个样板区非常高档非常漂亮，我们谈论设计手法，要把房子做得很高档，这样就可以卖出比较好的价格，这个石头再挪一挪，那个树再重新配置一下，前面广场再扩大一些，大家可以尽情地发挥创意和设计才能。突然有人来了这么一句，请问你为穷人设计了吗？瞬间将话题上升到了道德层面，根本就没有办法再继续好好沟通了。你说我们这是为富人做的，很奢侈，缺乏对低收入群体的关注，所以就是不道德的设计，这就很麻烦。因为我们其实需要先把今天讨论的问题搞清楚，我们在为谁做设计？我做高档的设计不代表我不为穷人做设计，你这么指责就很有问题，所以大家必须在同一个语境下讨论问题。简单来讲，这就是伏尔泰所言"common sense is not so common"，常识不一定是常识。今天我们讨论做这方面的布局，明天我们再讨论做那方面的深入。讨论规划，就把规划的事情讨论透彻，讨论扎实，不要去谈那些细枝末节的东西；讨论设计，我们就把设计的事情仔细推敲，细节深入好，形体打磨好。

很多人忍不住要长篇大论，各种绕弯子，让听者昏昏欲睡。有时候，做到简单和朴实反而说明你能抓住灵魂。毛主席的沟通技巧朴实、简单，他并不会总是引经据典，注意措辞，这也说明他抓住了听众的本质。少用情绪化和模棱两可的用词，这也是沟通的技巧。但是在现实中，当我们面对各类事情的时候，往往情绪大于理性。我认为，这是由于我们从小受到的教育，过于强调感性，而忽略了理性思维的培养。讨论事情一定要讲道理，摆事实，而不是一味地煽情。需要把握煽情的时机，收放自如，待会儿我们也会有一个关于这方面的训练。

3）确定对方了解你的真实意思

最后一点，就是需要确定对方了解你的真实意思。你看我跟大家讲这个东西的时候，我一直在盯着你们每个人的眼睛。我自己在美国念完研究生后去工作岗位，刚开始英文也不太好，有的时候汇报，我就盯着幻灯片在讲，而不管听者的感受。一回头，大家都在干自己的事情，没有人在听。后来我才发现，我的老板，还有那些综合能力比我强的人，他们是这样汇报的，首先他会看几眼重要的人，比如说李局长坐在那里，他会跟李局长有个眼神交流，李局长一点头他再往下走，一次一个观点，他不会说我都讲完了你们有什么反馈，大家愣着呢，需要消化，或者是最后市长做总结，内容很多，全都是客套话，也就是没听懂要点。即便要汇报的内容很多，也应该马上就传达过去，并且征求对方的反馈。反馈不一定就是直说请问您听懂了吗？而是从听者的眼神和表情中就可以感知到他们是否听懂。原来我在美国的 EDSA 工作的时候，老斯通生前就是一个非常善于沟通的人，在任何一个会议上，他永远都是最后发言的那个人，因为他要听完所有人的观点，才能做出最后的总结，这是一个非常实用的技巧；此外，他会跟周围的人都进行眼神交流，别人讲的时候，会盯着你，点头或思考，每一个观点都通过表情和肢体动作进行传递，这个反馈也非常重要。

一 个 练 习

接下来大家练习一个汇报技巧。这里有两张树屋咖啡的效果图，是你设计的一个方案，我们选两个人，用三五句话描述这个地方，描述成什么样都可以。

学生甲：　　树屋咖啡是一家位于北京的咖啡厅，环境优雅，室内有很多绿植，适合大众

树屋咖啡效果图

沟通聊天。

陈跃中：　　谢谢，请坐。咱们给予掌声，再听一个。

学生乙：　　树屋咖啡位于城市之中比较繁华的地段，面对的客户群是白领，工作压力相对较大，所以这是一个与都市环境相区别、近自然的绿植咖啡厅，这种环境可以提高工作效率。

陈跃中：　　好，谢谢！两位表现得都非常好，特别是第二位有一些对于环境品质和特点的描述，非常重要。接下来，我会讨论如何让你的沟通更加有说服力，以下通过四个方面来说明。

4）怎样让你的沟通更有说服力

（1）概念层面沟通

我们汇报方案的时候，第一点是概念层面沟通，例如说我们这个项目究竟是要打造成一个什么东西。那天我看了咱们一些研究生做的东西，有人说这是北京的一个后花园，有的说这是一个雪托邦，这就是概念层面的沟通。我觉得刚才两个同学在这方面还略微弱了一点，第二个同学有一些这方面的倾向。

我得拿一个诱人的概念跟甲方展示设计，特别是在中国，设计概念非常重要。不能就是一个咖啡厅，或是一个体育馆，我们得说鸟巢、水立方，可能到了西方社会，概念变得不再重要，但在中国很重要。

（2）证据和数据

第二点是证据和数据，刚才两位谁也没说到，可能两位说图片上没有任何证据和数据，那待会儿我再给你们看一看有没有。你在汇报方案的时候不能只有概念，没有数据支撑，那你这个东西无论如何都落不了地。你得说投资多少，容纳多少人，层高多少，地基怎样，或者洪水的常水位线在哪儿。任何汇报里面如果缺失这一方面的内容，都会被视为不够理性。

（3）有权威性的证言

第三点是在汇报方案的时候，要善于运用一些行内的专家或者不同行业的专家证言，也就是旁征博引。比如说根据某某院士的研究成果，我们这个应该怎么样，类似于把别人的研究作为你自己观点的佐证。这是工作岗位上一个很实用的技巧，叫专家证言。

（4）运用媒体

第四点是运用媒体，不管是草图、ipad 还是其他媒介，需要运用这方面的一些手法。我们在房地产上会运用模型、样板间进行销售，虽然我们设计师的沟通也是一种销售。

以上四方面中，第一概念，是在我们面对任何一个方案的时候都会需要的必要条件，我们可以先谈一个概念，这个概念可能是灵感迸发产生的，也可能是做了半天才提炼出来的，我觉得清华的学生在这方面能力很强；第二数据，是很理性的部分；第三佐证，添砖加瓦的作用；第四好的沟通手段，例如模型、3D 绘图等手段。

这四方面内容可以构成一个非常完美的汇报。有些设计师画的图非常好、非常精巧，甲方特别欣赏他们的手头功夫，但却没什么概念；有些时候概念也挺好，但这个人基本功不扎实，做的东西没有特别好的逻辑论证，没有数据。第三点运用专家证言，看起来是个可有可无的手段，但是如果有的话，会显得你的理论特别能站住脚。第四点则是更好的拉近你和对方的距离，帮助你们在同一语境下产生共鸣。

再回到刚才那个情景对话环境，如果现实中没有数据，我们该怎么办？

学生丙：　　编。

陈跃中：　　编是什么意思？是逼着你出数据，不是说让你骗别人，没有数据就随便乱编。而是说编的过程中你要查数据，要编纂出来。下面再来两个同学描述。

学生丁：　　树屋咖啡是一个拥有将大自然融入室内生态理念的园林咖啡屋，它区别于传统的室内设计，拥有 30% 的绿化量，同时能大幅降低 PM2.5 的数值，同时运用了一些垂直绿色墙的新兴技术，使这个空间能够成为一个可以创新的场所，能够面向更多的群体。

陈跃中：　　说的非常好，大幅降低 PM2.5 数值，这个其他咖啡厅没有吧？刚才也有一个编数据的过程，30%，非常好。什么意思？我不是说你编这个数据很准确，而是你在这个地方得知道，我必须得说这个话，没有也得拿出来，就这个意思。咱们鼓掌。再让那个女生试一下，看看有没有提高。

学生丙：　　树屋咖啡是一家位于北京，以室内绿化为特色的咖啡屋，它具有 30% 的室内绿化量以及垂直绿化技术，有很多竹子；能大幅降低室内 PM2.5 指数，同时他也是易兰陈总强烈推荐，适合年轻人聊天沟通的场所。

陈跃中：　　非常好。我觉得有很大的进步。你可以把 PM2.5 这个数据再演绎的更生动一点，比如说你说树屋咖啡能大大降低室内 PM2.5 指数，室外 300 的时候，室内只有 20，这个数据就胜过一切的雄辩。所以一定要采集到这些数据，才更有说服力。最后你还补充了一个证词，陈总大力推荐，这也是非常好的补充。你还可以说，在我们行业里面，××院士认为该项技术是一大创新，马上感觉设计又被提升，就是这个意思。经过你们通力合作，这就是一个完整的方案汇报。

我再补充一点，是关于概念沟通，刚才你们说，是把室外绿化引进室内的咖啡厅，如果你再提炼一下，是不是可以直接说成城市钢筋混凝土里面的白领栖息地，为甲方提炼出一个更加先锋的概念。在中国，概念尤其重要，因为很多决策者最感兴趣的就是概念，它就是你递向外界的名片，能帮助你更好地打动决策者的心。所以我为什么在前面说沟通不要煽情，后面又说要煽情，因为你们需要把煽情的方式运用到和中国的管理者、决策者沟通的方面中去。

不愧是清华的学生，能在短时间内活学活用，请大家记住这四方面内容，只要在你的汇报中把这四方面补齐，就一定会成功。

2. 倾听的技巧：学习沟通的倾听

这方面我觉得大家听到的很多了，从我个人体会来看，我觉得倾听和说同样重要。大部分人对事情的不理解源于他不去听，他脑子里已经形成了答案，他只筛选出与自己答案相一致的观点，跟他没关的东西他不听，也不需要。正如前面所提到的，有的人是问问题，有的是坚持答案，这是完全不同的两种态度。我希望我们是问问题的人，哪怕心里有答案，也要秉持开放的态度，寻找其他的见解。所以倾听特别重要。此外，倾听会让对方觉得你尊重他，特别是对甲方而言，虽然他在专业层面上不如你，但是你要倾听他，至少让他能感受到，你是非常尊重他。倾听还可以增进对方的了解，获得信息，并且收集回馈的意见。关于这点我深有体会。我们有很多年轻人，我都不敢让他去开会，开会带回来的意见永远不对，比方说我们去两个人，两个人带回来两个意见，我问他们甲方觉得怎么样？一个人说甲方认可了，我们这个方案通过了，另一个说甲方有好多问题，我估计够呛。只有两个人，就带回来两个截然不同的观点。三个人三个意见，四个人可能四个不同的意见，真的是这样的。除非甲方非常赞同我们的方案，为这个东西一致鼓掌，说这个东西太好了，才会带来统一的意见。但是如果会议上有各种不同的人在说话和发表观点，那么他们带回来意见一定不一样。这就是为什么我强调去开会的人必须能够把握这个会议的整体核心内容。哪些人在说话，哪些人有决策权，哪些人没有决策权，哪些人说话留着分寸，我们都得仔细留意。有些领导可能欲抑先扬，先表扬大家一下，不错，大家工作很努力，项目也做了很多，工作挺好，但是我们提几个意见。这个"但是"可能才是他的重点，你会发现这几个意见针针见血，每个意见都能推翻你的方案，只不过你不知道而已，还兴高采烈地回来告诉我们领导认可了我们的方案。所以怎么办？在很多公司里面，宁可让极少的人去开会，把信息和指示传递给大家，而不是让更多的人去参会，带回来不同的观点。有些年轻人不理解，明明我们参与了这个项目，为什么不带我们去开会呢？我们去开会也能多学学指示，还可以拿到第一手资料。事实可能与你想的正好相反，你不是得到第一手资料，而是产生了错误的见解。这就是为什么大家需要倾听的意义所在。

那么怎样才能培养倾听能力？

1）集中精力

2）信息转换

信息转换是什么？不管我在说什么，你脑子里得用自己的语言复述一遍。我们看到很多人写文章，引用一些哲学家的观点。如果一个研究黑格尔的学生，引用的都是黑格尔的原话，你可以判定这个人根本就没读懂黑格尔的观点，他不敢离开原文。再比如有人翻译一篇文章，他翻译的句式处处和原文对应，逻辑和语法仍然按照外文来走，让人完全不知所云，为什么呢？因为他没有读懂，不能用自己的语言进行转换。信息转换就是接受信息之后，再重新组织语言，这才能真正证明你了解说话者想要表达的内涵。

3）反应知会

反应知会，什么意思。刚才我说的斯通先生他在开会的时候需要不断地跟人点头，看每个人的眼睛，来接受他人的反馈，到底有没有听懂。作为你来讲，你是一个倾听者，你需要点头来表明你正处在对话之中，你在倾听，当人家询问的眼光过来的时候，你要点头，你要用眼神告诉别人我听懂了，这就是智慧，也是最好的倾听方式。开会的时候，我们大部分人都在玩手机，我非常不满意，经常批评他们的做法，对于发言者而言，这是非常不礼貌、不尊重的处事作风。如果是在一个很重要的会议上，恰好发言人对你们的方案有决策权，你的态度就很麻烦了。很可能给你方案组造成灭顶之灾。决策者会认为我作为一个城市的管理者，我腾出这一小时不容易，我认真听了你的发言，我发言的时候你居然在那里打电话、玩手机，下次约我时间，可能三个月以后才能再约到我一个小时。可见他会对你有多愤怒。

所以你一定要一方面倾听，一方面告诉对方你在倾听，这个同样重要。

4）询问互动

有问有答非常重要。我认为在很多会议上，有时候插一两句话问题都不大，对于那些真正愿意交流的发言者而言，他们很乐意接受你们的询问。

5）情绪控制

6）身体手势

7）反馈小结

反馈小结很重要。大家看我讲课，每一个部分我都会有一个小结，别人在讲，别人讲一段，你来总结一下，这是最好的对话。一对一讲话也是一样的，我跟你聊天，跟你说设计上应该怎么样，乡土民宿应该如何保持。你说这个有道理，我们应该这样，然后用你的话来总结我的话，这样就是一种很好的聊天模式。将对方的话用我自己的语言模式重新组织一下，这有什么好处？一方面可以向对方表明我确实在仔细的倾听和思考；另一方面如果理解产生偏差，可以立刻反馈给对方，对方也会及时纠正。所以反馈小结是用自己的语言复述对方的内容，这是表达倾听的很重要的技巧。

3. 草 图 沟 通

设计师的草图语言是和甲方沟通的一个有效途径。在任何一个会议上大家发现了吗？画草图的那个人永远都是会议的中心，一旦有人铺开了一张纸，大家的注意力瞬间会被聚集到草图上去。因为设计师熟知现场、各类管线的连接方式、场地的地形走势等，草图是最有力也最直观的沟通方法。所以大家不要怕草图画得不够美观，这只是一个沟通技巧。你可以观察一下你周围的同学、老师，当众人产生误解和纷争的时候，他摊开一张纸，直接指出项目的落点，比如说是长安街，问大家是不是这里，大家回答说是，然后问题就可以继续围绕着空间图纸继续展开，直观明确，避免产生误会。

所以在任何会议的现场，草图可以作为最终沟通的成果，大家一签字就是会议记录，能记住的也只是草图的内容。一个很智慧、很高效的人，在任何会议上都应该用草图表达。比如说某次会议上的某个张总，说你这个方案我不喜欢，我需要扬帆出航的意向，你的同事说，好的，我们回去修改一下，继续努力。你在那里简单勾勒一个草图，问，张总是这个意思吗？于是桌上所有注意力都转向你这边，张总一看有点意思，说再加一些绿化，再来一点设施，然后你们就可以关于这个话题进行很深入的交流。可见在很多场合，加上一点草图沟通就变得非常有效，而且瞬间让你成为讨论的中心。

在打开草图的一刹那，你可能很不自信，我的图纸画得不好，这个时候最不要担心这个，因为大家关心的只是沟通信息的统一与否，比例是否合适，表达是否清楚，只要你是一个训练有素的职业设计师就行，哪怕是画一个指北针或者比例尺，甲方心中立马对你的团队转变看法。你旁边的小伙伴可能还不知道发生了什么，你们和甲方之间就已经产生了化学变化，你的能力也会立刻被你的上司所注意，当然如果你是一个画图非常棒的人，顺便露一手是更加锦上添花的事情。

虽然现在电脑这么发达，但是草图沟通在我们的行业里面绝对不能被忽视。

4. 提问比坚持答案重要

最后就强调一件事，提问比坚持答案重要。为什么呢？提问有两种，一种叫开放式问题，一种叫封闭式问题。什么叫封闭式问题？比方说你今天吃饭了嘛？这个是什么？因为他得到的答案只有是和不是。你见了一个人，好不容易采访人家，你吃饭了嘛？吃了。问题结束了。

什么叫开放式问题？你可以问对方，对于国有经济改革怎么看？他必然给你一个很理性的回答。不要问你是坐车来的还是骑车来了？有的人紧张，见了人只能问这样的问题，人家一句话就答复过去了，所以要问开放式的问题。

我们经常会看到大型讲座或者会议现场，一些年轻的学生问问题，张口闭口都是我认为怎么样，说了半天都是在讲自己相关的内容，其实内心早就有自己的答案。老师说你的问题呢？他自己都搞不清楚，最后问一个，老师您同意我的观点吗？老师说对同意或者不同意，一句话就答复过去了。

所以大家一定要问问题，还要问开放性的好问题。

5. 沟通的行为技巧

沟通的行为技巧有9个，包括眼神沟通、与听者互动、穿着搭配等。穿着搭配可能是我们最不重视的一个环节，但是当我们进入工作岗位之后，这项就变得相当重要。所谓的穿着，并不是说每次穿的很正式就好，不同的场合选择不同的穿衣模式，这也是沟通的技巧之一。

6. 信任——沟通的最高境界

最后再跟你们分享一个小故事。你们会发现在自己的成长经历中，有些大家认为都很聪明的人未必一定成功，或者说未必更有机会成功。不信可以看看，我接触过很多成功的开发商，宋卫平也好，王健林也好，我们都有过合作。那些看起来很聪明的人，未必是很会沟通的人，那些最成功的人，也许是表面看起来很木讷的人。

我有一个非常成功的企业家朋友，有时候我和他一起晚上遛弯、散步，他每次走到一个地方，都会说从我家能看到这个塔，也就是能看到奥运会的玲珑塔。他反复的描述我能看见，每次说多了我们就开他玩笑，说你们家哪里能看见玲珑塔？他回答说我从我们家侧阳台能看见，正阳台看不着。然后我们就说，那你看得见玲珑塔，能不能看见鸟巢？他回答说，鸟巢有点看不见。下次走路，我们又说，你家能看见鸟巢吗？他回答说，没有，鸟巢看不见，能看见玲珑塔。

你是不是觉得这个人是一个很聪明的人，他应该是知道我们在开他玩笑，但还是很耐心地回答我们的提问。有一点他非常成功，你猜是什么？我给大家一个问题，也给你们一个答案。沟通的最高境界就是当你面见一个陌生人，看见他的脸，和他进行握手问好，就对他产生了信任，这样大大降低了沟通的成本。你想想是不是这样？当你对这个人没有信任的时候，你必须得请他吃饭、喝酒、讨论爱好，你喜欢的收藏我也得喜欢，才能建立一种信任。如果我对你不信任，你跟我提一个合作条款，我要仔细琢磨和研究，生怕有什么陷阱没被注意，这得耗费多少的时间和精力，才能完成这些必经的程序。所以为什么说哥儿们之间好办事？比如说我这个朋友，如果他说今天要迟到是因为生病，我会完全相信这是真的，而不会认为他欺骗了我，因为这就是他给人的感觉，特诚恳、朴实，特值得信任。

所以说当信任建立起来，沟通的成本就会大大降低，也会帮助这个人走向成功的终点。由此可见，沟通的最高境界是信任地沟通。

我的讲课到此结束。

杨　锐：　　非常感谢陈总的精彩演讲，今天由于时间的关系，我们就不提问了，大家有什么问题，可以通过邮件联系。今天就到这里，谢谢大家。

第五讲

风景园林法律法规和技术规范

主　　讲：王磐岩、白伟岚
对　　话：杨　锐、白伟岚
后期整理：马之野、叶　晶
授课时间：2014 年 10 月 31 日

王磐岩

　　中国城市建设研究院副院长，教授级高级工程师，注册城市规划师；中国风景园林学会副理事长，全国城镇风景园林标准化技术委员会主任委员，住房和城乡建设部风景园林标准化技术委员会主任委员、风景园林专家委员会副主任、世界遗产专家委员会委员、海绵城市专家委员会委员；享受国务院政府特殊津贴专家。

　　王磐岩女士长期从事风景园林规划设计、行业政策和技术研究、标准编制，以及城市规划、旅游规划等工作。承担和主持了多项风景园林标准体系、国家科技攻关项目和省部级科研课题，研究领域涉及智慧城市、海绵城市、绿色生态城区等，曾多次获得华夏科技奖、风景园林学会科技奖等荣誉。

白伟岚

　　中国城市建设研究院副总工程师、风景园林专业院总工程师兼风景园林发展研究中心主任，教授级高级工程师，注册城市规划师；住房和城乡建设部风景园林专家委员会委员，全国城镇风景园林标准化技术委员会秘书长，中国城市科学研究会生态城市研究专业委员会委员。

　　白伟岚女士长期从事风景园林科研标准和规划设计工作，在城市生态、绿色基础设施构建、城市生态修复、城市修补等技术领域有深入研究。承担过多项国家级研究课题，致力于将科研成果向规划设计和工程实践转化，并屡获殊荣。

第一部分——授课教师主题演讲

杨　锐：　　这一讲我们本来约定是由白老师的同事，中国城市建设研究院的王磐岩副院长来讲。王院长非常认真，很长时间之前就跟马之野和我联系怎么做课件，中间反复了好几轮。因为她父亲生病住院，所以她委托白老师来给我们做这个讲座。白老师1986年到1993年在北京林业大学园林系就读，先后获得了园林学士学位和园林植物的硕士学位，是教授级高级工程师，注册城市规划师，现在是中国城市建设研究院的副总工程师，风景园林专业院的总工程师，兼风景园林发展研究中心主任。白老师长期从事风景园林科研和规划设计工作，从业范围涉及：行业发展战略规划、风景名胜区规划和绿地系统规划、标准图集和规范的编制以及园林绿地工程设计。白老师获得了很多的奖项，由于时间关系我就不一一列举了。我国风景园林的技术标准工作是由中国城市建设研究院负责的，所以王院长和白老师是这个领域的权威。她们两位是在百忙之中为我们准备这一讲课程，请大家以热烈的掌声欢迎白老师。

白伟岚：　　谢谢杨锐老师的介绍，也感谢各位同学。今天咱们做一个有关风景园林法规和技术规范的讲座。这个讲座可能对大多数同学而言会觉得比较枯燥，因为很多内容都是法律、法规和标准，跟我们这个行业的核心——工程技术和艺术的有机结合，似乎差得比较远。在实际的规划设计工作中，我们需要梳理的一些逻辑内容，跟法律法规关系密切，一个行业的地位同其法律体系的完善程度是密切相关的。如果风景园林行业在国家的法律层面列不上位置的话，其行业的发展也会受到局限。下面我就通过这个讲座给大家普及些基础知识，使大家了解一下我们风景园林行业标准体系和法规建设的情况。首先介绍一些背景知识，按照约束力的强度划分，我们的社会规范分为以下几个层次：分别是法律、法规、规章、制度、公约、守则。法律处于最高的层级，比如《宪法》、《行政诉讼法》、《民法通则》。就行业的技术标准和规范而言，按约束力强度划分依次如下：强制性标准、推荐性标准、技术规程、标准设计图集（如华北标图集）、指南、手册以及设计文件。

　　　　　　大家在编规划中都做过这样一件事，列出规划依据。我们年轻的规划设计师经常分不清楚规划依据的约束力强弱，突出的现象就是把有些关联性不强的规划列在前面，再堆上些法律法规。其实排列规划依据的过程是梳理逻辑的过程，要分清上位依据，按照法律、法规、技术标准、重要的总体规划、相关的详细规划的顺序排列。

一、风景园林专业的内涵

　　　　　　大家知道在大百科全书中城市规划、建筑学和风景园林这三个学科编在一册中，而且城市规划和风景园林是同一年升为一级学科。成为一级学科给风景园林行业的发展提供了很大的机遇。

从风景园林发展的历程来讲，它走过了一个从传统园林学到城市绿化学、扩展到大地景观学的过程。传统园林学就是以工程技术和艺术为手段，通过因地制宜的改造地形，整治水系，栽种植物，营造建筑，布置园路等方法创作而成的改善生态、美化环境和提供人们游憩休闲活动的境域。传统园林的代表，有北京西郊一带皇家行宫苑囿的"三山五园"，其中"一池三山"的中国传统造园模式在皇家园林以及一些私家园林中得以继承和发展。当前我们从业对象最主要的就是城市绿化，它是研究园林绿化在城市中的生态和美化作用，通过城市园林绿地系统规划确定城市中各类绿地的布局和规模。而大地景观学是在城乡区域范围内，根据生态、游憩和审美的要求，以保护自然和文化遗产资源，保存自然景观和协调城乡发展为目标，为国民提供游憩环境，对风景名胜区、休养胜地、自然保护区进行系统的规划和研究，是我们常提到的美丽中国的工作范畴。

风景园林学科体系由以下6个方面构成：风景园林历史与理论、风景园林的景观遗产保护、大地景观规划与生态修复、园林与景观设计、园林植物应用、风景园林工程和技术。其中大地景观规划与生态修复的工作，随着我国城市化进程的推进、环境的恶化，变得日益重要，是我们行业发展的新领域。

二、法律法规层面的背景知识

法是统治阶级意志的体现，是由国家制定或认可，并由国家强制力保证实施的行为规范的总称。广义的法律即法的整体，泛指国家的全部规范性文件。狭义的法律仅指法的一种表现形式，即享有国家立法权的国家机关按照一定的程序指定的规范性文件。在我国法律是由全国人民代表大会及常务委员会制定的规范性文件。

我国的法律体系由四个层次和七个法律部门的法律规范构成。法律体系的四个层次分别是：《宪法》、一般法律、行政法规、地方性法规、自治条例和单行条例。七个法律部门：宪法及宪法相关法、民商法、行政法、经济法、社会法、刑法、程序法。

社会法包括：保护弱势群体的法律规范，如未成年人保护法、老年人权益保障法；维护社会稳定的法律规范，如劳动法与社会保障法；保护自然资源和生态环境的法律规范，如环境保护法、能源法、自然资源保护法、生态法等；促进社会公益的法律规范，如社区服务法、彩票法、人体器官与遗体捐赠法、见义勇为资助法等；促进科教、文卫、体育事业发展的法律规范，如教师法、科技进步法、义务教育法、教育法、卫生法，等等。

法律的约束力由强至弱的纵向体系如下：基本法→法律→行政法规→部门规章→地方法规→地方政府规章。与风景园林行业密切相关的《城乡规划法》是行政法的范畴，与之密切相关的法律有《土地管理法》《环境保护法》《文物保护法》。

风景园林行业最重要的一部法律是《城乡规划法》，与之相配套的行政法规有《城市绿化条例》、《风景名胜区条例》、密切相关的法规有《历史文化名城名镇名村保护条例》。相应的部门规章、行政措施、以技术法规形式颁布的风景园林标准规范、各地地方政府颁布的地方法规，如城乡规划管理条例和实施办法，都是对《城乡规划法》的有力支撑。

三、风景园林法规

首先介绍两部法规:《风景名胜区条例》，2006 年 9 月 6 日国务院第 149 次常务会议通过，自 2006 年 12 月 1 日起施行;《城市绿化条例》，1992 年 6 月 22 日中华人民共和国国务院令第 100 号发布，自 1992 年 8 月 1 日起施行。

接着介绍部门规章:《城市绿线管理办法》，2002 年 9 月 9 日建设部第 63 次常务会议审议通过，建设部令第 112 号发布，自 2002 年 11 月 1 日起施行;《城市动物园管理规定》，1994 年 8 月 16 日建设部令第 37 号发布，自 1994 年 9 月 1 日起施行，2004 年 7 月 23 日《建设部关于修改〈城市动物园管理规定〉的决定》修正。

涉及园林绿化的部门文件就比较多了，主要有《城市绿化规划建设指标的规定》《城市古树名木保护管理办法》《城市绿地系统规划编制纲要（试行）》《关于加强城市生物多样性保护工作的通知》《国家城市湿地公园管理办法（试行）》《城市湿地公园规划设计导则》《国家重点公园管理办法》《关于建设节约型城市园林绿化的意见》《关于加强城市绿地系统建设提高城市防灾避险能力的意见》、关于印发《园林城市申报与评审办法》《国家园林城市标准》的通知、《住房城乡建设部关于园林县城城镇标准和申报颁发的通知》《关于进一步加强动物园管理的意见》《住房城乡建设部关于促进城市园林绿化事业健康发展的指导意见》《住房城乡建设部关于印发生态园林城市申报与定级评审办法和分级标准的通知》《关于进一步加强公园建设管理的意见》《全国动物园发展纲要》等。这里我没有把文件发布的年限标出来，如果大家想进一步了解，可以根据上面的内容到住建部的网站上检索，这些内容对于我们了解国家对于行业发展的要求十分必要。

涉及风景名胜区的部门文件主要有《国家重点风景名胜区规划编制审批管理办法》《建设部关于加强风景名胜资源管理的通知》《国家重点风景名胜区核心景区划定与保护》《国家重点风景名胜区总体规划编制报批管理规定》《国家重点风景名胜区审查办法》《国家级风景名胜区徽志使用管理办法》《国家级风景名胜区监管信息系统建设管理办法（试行）》《国家级风景名胜区综合整治验收考核标准》《国家级风景名胜区监管信息系统建设管理办法（试行）》《关于做好国家级风景名胜区规划实施和资源保护状况年度报告工作的通知》《关于规范国家级风景名胜区总体规划上报成果的规定（暂行）》。我国的国家级风景名胜区最早称作国家重点风景名胜区，从 2006 年条例颁布后，改称国家级风景名胜区。

另外请大家注意最后一个文件，《关于规范国家级风景名胜区总体规划上报成果的规定》，这个虽然是一个暂行的规定，但其中的内容是近些年风景区规划经验的总结，会影响到我们的风景名胜区规划规范的修编。

从国家依法治国的大方略来讲，应把部门文件或者指导意见转化为技术规范，然后配以行政文件来实施，形成常态化的管理机制。而非今天针对这个问题下发一个文件，明天又提个文件，造成管理的随意性。行业发展得越完善，其标准体系越健全，从而建全长效管理机制，而非靠时常下发文件来管理，部门文件在法规体系框架中还是比较低的层次。

与风景园林行业相关的重要法律有：《文物保护法》《野生动物保护法》《环境保护法》《环境影响评价法》《招投标法》《建筑法》《森林法》《文物保护法》《旅游法》；法规有《规划环境影响评价条例》《建设工程质量管理条例》《中华人民共和国自然保护区条例》《中华人民共和国野生植物保护条例》《历史文化名城名镇名村保护条例》；部门规章有《城市紫线管理办法》《城市蓝线管理办法》《湿地保护管理规定》《城乡规划违纪违法行为处分办法》等。

从行业发展的角度而言，在我们相关领域的法规标准越健全，意味着我们自身的发展空间越有限，别人先占了位置，明确了其法律地位，我们可能就考虑要遵从。因此，健全我们行业的法律法规、标准规范对风景园林行业的发展至关重要。

四、标准化管理

首先介绍一下标准的定义，标准（Standard）是指在一定的范围内获得最佳秩序，经协商一致制定并由公认机构批准，共同使用和重复使用的一种规范性文件。举个例子，无论我们在哪吃肯德基都是一个味。当然肯德基在中国还是本土化了，比如其推出的老北京鸡肉卷，在国外还是没有，而这个老北京鸡肉卷在中国各地的味道还是一样的。这是因为这两个企业各自都有相应的企业标准，据说他们的操作手册有 560 页！确保其产品的风味在各地都相同。

标准有以下作用，它是技术的法律，是质量保障的基础，是前人经验的总结，是约定俗成的规矩，标准使技术更便于推广和传承，也是市场竞争的规则，是技术资料的总结，是我们工作的目标。

下面举例说明：

当前老百姓的维权意识越来越高，《居住区规划设计规范》里面规定了大寒日日照标准，底层窗台面必须得有一个小时。百姓运用这个标准维权，告开发商的违规建房影响自家日照，这时标准在诉讼中就起到法律的作用。

我们的食品标准对于生产厂家而言就是最基本的产品质量要求。

标准正式发布后，成为各行业从业人员遵从的技术规定，对于提高行业的技术水平有着重要作用。

所谓一流的企业做标准，二流的企业做品牌，三流的企业做产品，是说做标准的企业就是行业的标杆和领头羊，它是制定游戏规则的，只要你在这个行业，就得按该行业的标准（游戏规则）来做。所以做标准的企业是绝对的领先优势，可以通过提高门槛、提高标准来限制其他企业的准入，削弱对手的优势（例如欧洲的汽车排放标准、材料标准等）。

比如"公园服务基本要求"已经立项，是公园这一社会公益服务产品应为百姓和游客提供什么服务，设施应如何设置的一个标准。

标准的分类，以标准的属性来划分，分为强制性标准和推荐性标准。推荐性标准在标准的号后面都有一个 /T，表示"推荐"的汉语拼音第一个字母。从标准的级别划分，分为国家标准、行业标准、地方标准和企业标准。国家标准的标准编号以 GB 打头；行业标准，不同的行业代码各异，比如林业行标的代码是 LY，城镇建设的代码是 CJ，建设行业代码为 CJJ，水利行标的代码为 SL，代码的头一个字母大都是根据汉语拼音确定的。

地方标准的概念：地方标准由省、自治区、直辖市标准化行政主管部门制定，并报国务院标准化行政主管部门和国务院有关行政主管部门备案。一般而言，对没有国家标准和行业标准而又需要在省、自治区、直辖市范围内统一的工业产品的安全、卫生要求，可以制定地方标准。在工程建设领域，即便有国标或者行标，但针对该地区的特点，在遵从国标和行标基本要求的框架下，也可制定适合本地区应用的标准。各地地标对代码有统一的要求，如北京市为 11，上海市为 31，广东省为 44，之前加上 DB。在各地质量技术监督局的网站上有公布的地标名录或内容。

企业标准的概念：企业标准是对企业范围内需要协调、统一的技术要求、管理要求和工作要求所制定的标准。企业标准由企业制定，由企业法人代表或法人代表授权的主管领导批准、发布。企业标准一般以"Q"开头。肯德基和麦当劳的产品质量就是靠详细和便于指导实施的企业标准保证的。

技术标准和管理标准的区别：技术标准管物，是说什么东西应该怎么样，是达到的目的；管理标准管人，是说什么人应该怎么样，是保证达到目的采取的手段。比如《公园设计规范》是一个技术标准，《公园服务基本要求》是管理标准。这个行业最主要的法律依据就是《中华人民共和国标准化法》。

从国家标准、行业标准、地方标准到企业标准，其标准技术水平的细化程度一般来讲是逐层加深的，前三类标准的标龄都是 5 年，企业标准一般是 3 年。这是什么概念呢？例如《城市绿地分类标准》是 2002 年颁布实施的，到 2007 年，其标龄已满 5 年，这时根据行业发展的需要，要修订的话，归口单位——住建部风景园林标准化技术委员会首先要做需求调研，征求汇总城市绿化行业对此标准使用的意见和建议，并同此标准的主编单位协商，是否启动修编程序。此时主编单位认为时机成熟，就可启动修编程序，新的标准修编完成并正式颁布实施后，其老标准就废止，但是标准号前部不变，后面的时间改为新颁布的时间。比如新修订的标准是 2014 年颁布的，原来的 2002 在标准号里面，这时候就变成 2014。颁布一个标准，应该有五年的实施期限，但是确因行业发展迅速，原标准有些条文已不适应需求，也可以 3 年提出修编。

风景园林行业的标准是由住房和城乡建设部风景园林标准化委员会和全国城镇风景园林标准化技术委员会（TC449）共同管理的，两个标委会分别负责工程建设标准和产品服务标准的管理。

五、风景园林技术标准体系

首先就国内工程技术标准的状况做简要介绍，建筑工业标准体系始建于 1990 年，城建与建工标准体系始建于 1993 年，工程建设标准体系始建于 2002 年。工程建设标准体系包括城乡规划、城镇建设和房屋建筑三个方面共计 17 个专业，其中也包括风景园林专业。住建部出版了一本蓝皮书，这个标准体系最近一直在修订中，处于一个动态维护的过程中，新体系还没有颁布。

风景园林工程标准起步于 1986 年，至 2002 年我们行业颁布了 1 项国家标准《风景名胜区规划规范》和 6 部行业标准，分别是《公园设计规范》《城市道路绿化规划与设计规范》《城市绿化工程施工与验收规范》《城市绿地分类标准》《园林基本术语标准》《风景园林制图标准》。到现在为止，我们行业已经颁布了 3 部国家标准，《风景名胜区规划规范》《城市绿地设计规范》《城市园林绿化评价标准》，10 部行业标准，《公园设计规范》《城市道路绿化与规划设计规范》《园林工程施工及质量验收规范》《城市绿地分类标准》《园林基本术语标准》《风景园林制图标准》《风景名胜区分类标准》《镇（乡）村绿地分类标准》《风景名胜区游览解说系统标准》《风景园林标志标准》。从 2002 年到 2014 年 12 年中，我们的标准增加了 6 部，我们行业的标准数量不多，可见风景园林的技术规范这块有待于加强。

风景园林产品标准从 1986 年至今共颁布了 9 部行业标准，这些标准除了《动物园安全标志》，都是推荐性的标准，分别是《城市园林苗圃技术规程》《城市绿化和园林绿地用植物材料木本苗》《城市绿化和园林绿地用植物材料球根花卉种球》《动物园动物管理技术规程》《动物观赏导向标志用图形符号》《绿化种植土壤》《风景名胜区公共服务营销平台》《风景名胜区公共服务自助游信息服务》。

技术力量比较强的地方在国家规范基础上，结合地方的需求，完成了一批水平较高且社会急需的标准规范。如北京制定的《屋顶绿化规范》《城市园林绿化养护管理标准》《园林绿化工程监理规程》《园林设计文件内容及深度》；上海完成的《园林绿化养护技术等级标准》《园林绿化植物栽植技术规程》《园林绿化养护技术规程》都对行业的发展起到积极的推动作用。这部分跟规划设计比较密切的是《园林设计文件及深度》，用以指导我们做工程设计。

下面介绍国外技术标准化组织的情况，ISO 代表国际标准化组织，国际电工委员会，ANSI 代表美国国家标准学会，DIN 代表德国标准化学会，JIS 代表日本工业标准调查会，BSI 代表英国标准协会。据我所知，我们行业的国外标准，不少是以指南的形式来颁布。相比国内的标准规定得细致，有些还附有案例。我们要在国外做项目、出口产品，都要了解当地的国家标准。

下面把风景园林的标准体系框架介绍一下。风景园林标准体系分为三个层面，基础标准、通用标准和专用标准。首先我们讲风景园林工程标准体系，有三部分内容构成，分别是城镇园林、风景名胜区和园林综合。

风景园林工程标准体系有标准 50 项，其中基础标准 8 项，通用标准 14 项，专用标准有 28 项。城市绿地系统规划标准归入城市规划标准体系；风景园林信息化建设标准归入信息技术应用专业；园林工程主体标准设在风景园林技术标准体系中。

《风景园林技术规范》是统领风景园林行业强制性技术法规，目前处于在编状态。

下面介绍一下风景园林标准体系中的 8 项基础标准，分别归属 5 类，标准的状态从表 5-1 中可以一目了然。

风景园林基础标准 　　　　　　　　　　　　　　　　表 5-1

术语标准（2 项）	风景园林基本术语标准（修编） 风景名胜区术语标准（在编）
分类标准（3 项）	城乡绿地分类标准（修编） 镇（乡）村绿地分类标准（现行） 风景名胜区分类标准（修编）
图形标准（1 项）	风景园林制图标准（修编）
标识标准（1 项）	风景园林标志标准（现行）
综合标准（1 项）	风景园林技术规范（待制定）

风景园林通用标准，共 14 项，见表 5-2。

风景园林通用标准 　　　　　　　　　　　　　　　　表 5-2

城镇园林通用标准 （5 项）	公园设计规范标准（修编） 公园绿地分级标准（待制定） 城市园林绿化评价标准（现行） 城市绿地设计规范（修编） 城市绿线划定技术规范（在编）
风景名胜区通用标准 （5 项）	风景名胜资源分类与评价标准（待制定） 风景名胜区规划规范（修编） 国家自然、自然与文化双遗产分类和评价标准（待制定） 风景名胜区详细规划规范（在编） 风景名胜区重大建设项目评定标准（待制定）
园林综合通用标准 （4 项）	园林绿化工程施工及质量验收规范（现行） 园林绿化工程监理规范（待制定） 绿地养护管理技术规范（待制定） 绿地养护管理定额规范（待制定）

标准要由权威部门发布，在发布过程中有很多工作需要协调的。大家感觉标准为什么出台不易，主要是因为它既有技术工作的总结，又要进行部门协调，涉及方方面面的利益。

风景园林专用标准，共 28 项，见表 5-3。

风景园林专用标准 表 5-3

城镇园林专用标准（14 项）	植物园设计规范（在编） 动物园设计规范（在编） 湿地公园设计规范（在编） 郊野公园设计规范（待制定） 绿道规划与设计规范（待制定） 居住绿地设计规范（在编） 城市道路绿化规划与设计规范（现行） 风景园林建筑设计规范（待制定） 园林绿地水景工程技术规范（待制定） 园林绿地电气设计标准（待制定） 国家重点公园评价标准（在编） 动物园管理规范（在编） 垂直绿化工程技术规程（在编） 屋顶绿化工程技术规程（待制定）
风景名胜区专用标准（9 项）	风景名胜区生态环境质量监测与评价标准（待制定） 风景名胜区地质资源调查监测与评价标准（待制定） 风景名胜区生物多样性调查监测与评价标准（待制定） 风景名胜区游览解说系统技术规程（现行） 风景名胜区设施设置规范（待制定） 风景名胜区游道建设技术规范（在编） 风景名胜区环境容量评估标准（待制定） 风景名胜区资源保护评价标准（待制定） 风景名胜区旅游村镇规划建设标准（待制定）
园林综合专用标准（5 项）	风景游览道路交通规划规范（在编） 古树名木养护管理技术规范（在编） 园林绿化生态效益评价标准（待制定） 园林绿化工程盐碱地改良技术规程（待制定） 园林行业职业技能标准（在编）

这里提一下《屋顶绿化工程技术规程》这个标准，目前已经有《种植屋面技术规程》包括了屋顶绿化的内容。《种植屋面技术规程》的主编单位是中国建筑防水协会，标准更多的从建材的角度提了不少要求，虽然吸收园林绿化的技术人员参编，而关于绿化内容规定的并不充分。此例说明，标准被其他行业优先占领后，你再想做事情，主动权和发言权都已在别人手里。因此我们行业的发展，要依靠大家多做工作，甚至要多做一些奉献，才能引领我们这个行业健康发展。

风景名胜区的专用标准，现行的标准只有《风景名胜区游览解说系统技术规程》1 项，在编的是《风景名胜区游道建设技术规范》。风景名胜区游览道路这块，如果我们没有规范，我们就得遵从公路建设的规范，为此风景区的游览以及风景区资源保护会受到很大的制约，甚至遭受破坏性建设。所以我们一定要制定我们行业的游道的建设技术规范。《旅游法》要求景区不能够超容量接待，但是我们还没有环境容量评估标准，可见在这方面我们严重滞后了。

另外园林综合专用标准都是在编，或待制定，都是还没有成型的文件出台。

下面介绍风景园林产品标准体系，主要包括园林用工程材料、绿化材料、园林机具、养护管理和服务管理五个方面。涉及到77项标准，其中基础标准14项，通用标准24项，专用标准39项。今年在服务管理这块，启动了两个标准，一个是《公园服务的技术要求》，一个是《风景名胜区的管理规范》。

风景园林产品标准涉及基础标准，共14项，见表5-4。

风景园林产品标准涉及基础标准　　　　　　　　　表5-4

术语标准（4项）	园林基本术语标准、城市园林林木育种及种子管理术语、动物园术语、风景名胜区数字旅游服务基本术语
分类标准（5项）	公园分类分级、风景名胜区分类标准、园林水景设备产品分类、风景名胜区数字旅游服务基础数据标准、风景园林信息分类与编码
图形标准（1项）	风景园林制图标准
标志标识标准（4项）	园林行业标志（徽章、制服）、风景园林标志标准、动物观赏导向标志图形符号、动物园安全标志

风景园林产品标准涉及通用标准24项，分到风景园林用工程材料、绿化材料、园林机具、养护管理、服务管理5方面，见表5-5。

风景园林标准涉及通用标准　　　　　　　　　表5-5

风景园林用工程材料（1项）	风景园林用工程材料要求
绿化材料（6项）	城市园林苗圃育苗技术规程 城市园林绿化用苗出圃技术要求 野生园林植物筛选标准及繁育通用技术要求 绿化种植土 观赏植物栽培基质要求 城镇园林绿化树种区划标准
园林机具（4项）	园林苗木培育设备 园林绿地植保机械 园林绿地喷灌设备 园林绿地施工养护设备
养护管理（8项）	城镇绿地养护规范 园林植物修剪技术要求 园林植物病虫害检疫检测技术要求 园林植物病虫害防治技术要求 古树名木保护管理技术要求 草坪养护技术要求 风景名胜区设施管理要求 园林绿地设施管理要求

服务管理（5项）	园林绿地统计标准 公园管理服务标准 风景名胜区管理等级评价 风景名胜区统计标准 风景园林数据库技术要求

风景园林产品标准涉及专用标准，共 39 项，见表 5-6。

风景园林产品标准涉及专用标准　　　　　　　表 5-6

风景园林用工程材料 （5项）	绿地透水铺装材料 人工置石假山材料 屋顶花园隔根材料 仿古建筑材料 土壤固化剂
绿化材料（10项）	城市绿化和园林绿地用植物材料——球根花卉 城市绿化和园林绿地用植物材料——木本苗 园林绿化用植物材料——水生植物 园林绿化用植物材料——宿根花卉 盆景植物材料标准 古树名木测定评价 花卉栽培基质 立体绿化栽培容器 草花、种子包衣要求 园林绿化苗木制种和储存要求
园林机具（12项）	花卉培育工厂化装置 花灌木修剪机具 园林高树修剪机 山石起吊运输机具 园林废弃物消纳处理设施 草坪种植机 草坪剪草机 绿篱修剪机 植树挖掘机 绿化喷洒多用车 园林大树运输车 假山施工机具
养护管理（7项）	喷播技术 园林植物包装运输技术要求 儿童游乐设施安全管理要求 动物园动物管理技术规程 动物园动物检疫技术要求 国外动物入境卫生检疫及卫生要求 动物园动物饲养技术操作规程
服务管理（5项）	动物园管理要求 园林绿化用水质标准 风景名胜区数字旅游服务 旅游目的地资源营销平台 风景名胜区数字旅游服务 自助游信息服务 风景名胜区数字旅游服务 旅游代理企业数字化管理与服务

第二部分——互动式交流

杨　锐：　　白老师刚才给我们讲的都是干货，实际上法律法规即是标准，对于一个行业来讲，包括对于专业学习来讲是非常重要的。我问的第一个问题是，法律法规和我们同学的专业学习有多大的关联？第二个问题是，法律法规对于职业风景园林师和技术人员，其重要性有多大？

白伟岚：　　谈到与学习的关联，我们专业的研究生教育更多的是面向实践，做项目，强调对于前沿理念上东西要掌握。但法律、法规是准绳，它是指导我们在一定的框架下做事的原则，所以从我们的职业角度来讲，更需要掌握和了解它。头脑中要有这根弦，要知道规则和规定是什么。因为风景园林行业是艺术与技术的结合，涉及到技术层面，很多都在法律法规里面有规定。比如你要做一个公园设计，如果不了解《公园设计规范》，你的铺装场地突破规范的比例要求，或者服务设施上配比非常随意，最终你的设计成果实施后，就会受到大家的诟病，甚至是一个不合格的产品。

　　　　第二个问题，就职业素养来讲，我还是举例说明，我们注册城市规划师职业考试中，法律法规是一个必考的内容，可见其重要性。我国风景园林的注册制度相比国外滞后了，但可以预言，一旦走向正规的注册制度，法律法规肯定是个重要内容。类比国外的注册风景园林师制度，都要求从业人员系统掌握涉及行业的法律法规和标准规范。这是从业的依据，也是从业的底气。我们的行业最主要的法律是城乡规划法，风景园林行业自身的法规体系相对滞后，这种滞后也制约了我们在国民经济行业中的地位，所以从行业发展的角度来讲，我们争取有一部法律，而不只是条例。例如在美国有国家公园法，从而保证这个行业更好的发展，拥有更高的地位。所以我觉得行业发展的成熟度体现在其法律、法规和规范的系统完善程度。

杨　锐：　　您觉得如果同学学习法律法规、技术规范，深度该如何掌握？

白伟岚：　　我觉得还是要学以致用，就是你做到类似工作的时候，你要知道如何查阅和学习，即知道你需要的东西在哪里，再去具体系统地研习。当今信息爆炸，你不可能事事都记在脑子里，但是强制性条文、重要的规范还是必须要了解的。如果你是一个管理者，你对服务的、管理的标准规范就要了解；如果你是一个规划设计师，你要对规划设计方面的法律法规掌握得更透彻。还有一种方法，你关注几个网站，比如住建部一些网站，还有就是地方技术质量监督局的网站，比如深圳、上海等地的，他们会定期发布一些标准，把那些和专业相关的下载收集整理好，以便检索查阅。一些最基本的标准规范，比如公园设计规范、绿地设计规范，还有几个国家标准，大家必须要了解掌握。

杨　锐：　　现在整个风景园林行业法律法规还有技术规范，执行的情况是什么状况呢？

白伟岚：　　应该说不够完善，这同我们行业的地位有关。我刚才强调我们风景园林行业想提炼制定一个强制标准，即风景园林技术规范，该规范是把我们行业中直接涉及工程质量、安全、卫生及环境保护等方面内容的汇总。我们专业强制性标准条文的内容还不是那么多，有些强制性条文在推行的过程中也会遇到一些阻力。比如公园设计规范中有建筑占地的指标要求，公园中建筑基地的占地面积一般不能超过5%，因公园面积和类型的不同会有不同的指标。这一点如果成为强条，应该说对于遏制公园绿地的被侵占还是非常有意义的。我觉得对于我们行业来讲，一方面标准规范的推进力度不够，另一方面有些标准规范在制定时考虑不够充分，标龄过长，不能引领行业发展。此外我们行业在标准规范的人才储备上，或是说能做这方面工作的人还是有限，虽然是风景园林行业内的规范，但它有标准规范的一套体例要求，强调逻辑性和系统性，过于形象思维还不行，这跟我们行业培养背景有关，所以的确不很乐观。

杨　锐：　　我为什么问这个问题，实际上我办公室外面的法桐每到刮风下雨时就敲打我的窗户，说明乔木离建筑还是太近，我就找到学校绿化处，他们说树已经种上了，每年只能修剪不能砍伐。我还真很好奇乔木离建筑的最短距离是多少？

白伟岚：　　规范要求乔木基干的外缘离建筑外墙的距离至少5米。法桐的树冠是比较大的，成年的树冠冠幅可达20米，这种情况要求设计师根据你对植物生长习性的理解灵活掌握。除非是塑造林间别墅的环境，或者树木在先、房子后造，如果是树后植的话，大乔木就不适宜离房子太近。另外我们在实践中也遇到这种情况，小区周边建公园，植树把住宅的阳光挡了，老百姓也会抗议。现在看来乔木离建筑外缘5米的间距似乎应更大些，如果是西侧遮荫还好一些。但在城市中建筑太拥挤，有的房子就靠西侧采光，把它挡住了肯定不行，因为日照还有相应的要求。

杨　锐：　　我们现在开始第一轮的问答。

学　生：　　白老师您好，像《风景名胜区规划规范》是什么样的制定过程？我最困惑的是里面提到的游憩容量指标，它是怎么计算出来的？

白伟岚：　　关于制定过程：每年上半年，对于所有在标准体系里的待制定标准，编制单位可以向住建部提出申请，在专门的工程建设标准化网站上申报，在规定的时间内提交申请表。申请经过住建部标定司审查后批准立项，在网上公布。标准编制的工作流程主要包括标准编制的准备、征求意见、送审和报批四个阶段。获得立项的批准以后，主编单位要开展前期准备工作，成立标准编制组，召开第一次工作会议（标准编制的开题会）。标准编制组由全国在本标准涉及领域有研究实践的单位组成，国标和行标一定要照顾到面。参编单位明确分工，开始标准征求意见稿的编制工作。

　　　　　　征求意见初稿经标委会审查，编制组修改完善后要挂在网上征求意见，同时标准要向标委会委员征求意见。各方面意见反馈到主编单位，由主编单位落实修改和处理意见后，方可召开专家评审会。在正式评审会召开之前，为充分沟通、保证质量，会召开标准预审会。评审会后，主编单位牵头按照评审意见修改完善，提交标准的报批稿，再经过标委会和行政主管部门审查合格后，才可印刷发布。具体细节可在网上查工程建设标准编制工作流程。我们的风景名胜区规范都是按此程序编制的。

至于容量的问题，可分成生态容量和游人空间容量。生态容量和生态承载力有关，是在一定的技术研究基础上出台的标准，比如林地的人均指标有多少。至于空间容量，它是根据游览设施的设置做出来的，通常用卡口法和面积估算法进行测定，和风景名胜区道路交通系统的布局、所能提供的设施有很大的关系。

我们行业的容量指标数值是基于调研数据得出的。比如《公园设计规范》，综合公园有人均 $60m^2$ 的指标，来计算同一时间在园的游人容量。这个数据是基于各地大量公园的调研，根据公园的面积、山形水系的设置，调查在园的人数，同时观察不同在园人数拥挤情况，得出的实际数值。北方公园的绿地，为便于绿植的养护多不主张游人进入，非游憩类的草坪多不让人进入；但南方植物生长条件优越，草坪被践踏后易于恢复，很多绿地的开放空间允许游人进入。南北气候条件的差异，生态承载力也有不同；针叶林、阔叶林的容量也是不同的，都是类似的原理。容量的数据是在调研、研究的基础上得到的，标准就是前人经验的总结。

学　生：　我想问一个具体的问题，我看到 PPT 里有一个城市道路规划与设计规范，广场是否也放在道路规范里？做景观时要在哪里找广场设计的相关规范呢？

白伟岚：　广场的要求没有放在道路规范里。我们在做绿化广场设计时，其绿地率必须大于 65%，而其他类型广场没有相应的指标要求。广场设计是景观或风景园林设计的一个重要类别，其硬景所占的比例比一般的园林绿地要高。目前，广场设计主要考虑功能定位以及在城市空间中的作用，对于要计入城市绿地的广场，要求其绿地率指标必须大于 65%，其余类型的广场可参照其相关的要求和规范开展设计。

学　生：　我国是否有人均绿地指标，北京市是否有人均绿地指标、人均道路的指标要求？

白伟岚：　我们行业的发展规划中会对我国人均绿地指标做出展望，这一展望和国家五年规划的时间段相对应。此外在《中国城市建设统计年鉴》中有对各地的人均绿地指标的统计值。在《城市园林绿化评价标准》（GB/T 50563）中提出了城市人均公园绿地面积指标的细化要求。此外，对于公园绿地的服务半径覆盖率也提出了要求。

据我所知，北京市绿地系统总规中曾经提出中心城区人均 $8m^2$ 的公共绿地指标，郊区县人均 $16m^2$ 的绿地指标规定。目前，在我国严控城市人均建设用地指标的前提下，要达到人均公共绿地的规划指标是有难度的。我国实行生态红线划定，严格保护耕地的策略，对于城市盲目扩张一直采取节制措施，因此根据新的《城市用地分类与规划建设用地标准》（GB 50137），是依据城市人口规模、城市所处的气候区等条件，提出了人均城市建设用地面积指标细化要求。在城市建设用地总量控制的基础上，要解决居住、交通、产业、生活等诸多功能，绿地指标是有增长的极限的。当前城市环境问题突出，特别是雾霾污染的频发，公众对于环境状况的重视程度提高，对于毁绿建楼的现象反映强烈，倒是给城市绿地的营建创造了良好的氛围，但在老城区的绿地指标保障的压力依然很大。

学　生：　　那么大学校园是否有具体的要求？

白伟岚：　　大学校园中的绿地在《城市绿地分类标准》（CJJ/T 85）里是附属绿地的范畴，我们有一个30%的绿地率的基本要求。如果从缓解热岛效应，改善环境的角度出发，比较理想的指标是达到50%的绿地率。在夏季高温高湿的条件下，面积足够大、布局合理的绿地，可有效提升人居环境质量。我国规定城市通常应达到30%的绿地率，而在实际实施中许多商业用地、工业用地中都未能达到这一数值。城市绿地系统规划中绿地的概念和城市建设用地分类标准中的绿地概念含义是不同的。前者包括附属绿地，例如大学校园按我们城市规划来讲它是教育科研用地，其中含有部分附属绿地，在城市建设的绿地指标会把这部分绿地择出来。在城市规划中的城市建设用地分类标准里是把纯公园和防护绿地归入绿地范畴。因此在城市规划里统计的绿地的指标大概是8%左右，不会超过15%。

学　生：　　那在校园的设计里会考虑30%吗？

白伟岚：　　应该是，如果要保障良好环境的话，这是起码的标准。当然还可以通过屋顶绿化的手段来改善环境，提高绿化覆盖率。

学　生：　　那么交通还有类似的指标吗？

白伟岚：　　这个最好查一下标准，当前交通用地是一个上升的情况。由于城市机动性的提升，目前应该是20%左右的指标。它是根据城市发展状况、交通量、人口规模、建设开发强度而确定的，这个指标应该在《城市用地分类与规划建设用地标准》里有基本规定。

杨　锐：　　咱们同学应该习惯去查这些标准，那些标准里是非常准确的。白老师已经是非常熟悉这些标准了，这些数据能脱口讲出来，但是同学们要习惯去查。包括刚才白老师说到了一个蓝皮书，是标准的一个汇总。法律法规、技术规范都是需要去查的，这也是一个基本的能力。

白伟岚：　　作为风景园林师，这些知识必须具备。

学　生：　　首先是标准的表达方式的问题，像绿地分类标准里面很少出现图示化的信息，这是标准表达的一种吗？

白伟岚：　　标准的表达要根据标准的内容而定。标准中有必要图示的，就会以附图的形式表述；不是所有标准都是以文字表述的，如《种植屋面技术规程》的配图就不少；《城市园林绿化评价标准》和《风景名胜区规划规范》则更多的是以文字表达为主。此外，我们标准还有一种类型叫标准图集，它更多的是以图来表达，它跟标准规范不是一种类型，但也算是标准文件。标准中的内容需要图示说明的就要配图，对于配图有明确的表达要求，那就是怎么编标准的一些培训了。

学　生：　我现在在做室外无障碍设计，室外无障碍设计应该归为哪类标准？

白伟岚：　《无障碍设计规范》是国标，为配合以文字表述为多的标准，专门出了一个国标图集，把无障碍的工程作法进行了总结。有这么一个标准图集《建筑场地设计文件深度》，让设计师通过图集知道方案阶段要注意些什么，初步设计阶段你要完成什么工作，施工图阶段你要完成到什么深度。它是个案例形式的标准图集。在我国以规范和标准图集两种并行的方式来指导工程设计人员，这种形式也在探索过程中，有的标准没有图集。如《居住区规划设计规范》标准出台后，也可以做一个居住区设计的标准图集，图集可以把重要的、需要借鉴的内容总结出来让设计师更好的掌握。这一点国外的标准似乎图比较多，它更多的是以指南的形式在做，它的标准是相当于国内标准下一个层次的东西，这可能与管理体制和编制标准的规定不同有关。

学　生：　白老师我想问一下，在我们刚进入行业的时候，我们可能对一些法规性的东西不太熟悉，在我们签图的时候应该注意哪些该签，哪些不该签？该如何保护我们自己？

白伟岚：　你是指工程服务阶段还是设计阶段呢？

学　生：　设计阶段。

白伟岚：　在你供职的单位是有规定的。像我们院规定是什么级别的人能签什么方面，比如审核或审定，一般必须是高级工程师以上的才能签。设计工作，也不允许在实习期的技术人员单独签设计人。这涉及到各院的质量管理体系的内容。另外在工程服务当中，有些施工单位希望更换材料以提高利润，要根据你掌握的经验和知识储备来判断是否认可他提出的变更要求，当然也不一定推断别人都是恶意的，但是你要在工程实践当中积累才干以及和人沟通的能力。明确哪些确实是我们制图表达的失误，或者合理的变更，我们就该签。对设计师来讲最简单的方法，这个东西如果是你做的，你就有义务来签，不是你做的你可以拒绝签字。

杨　锐：　我们再次以热烈的掌声感谢白老师！

（注：2015—2018 年，本讲内容均由王磐岩老师负责讲授。）

第六讲

从东西方自然观差异看风景园林发展趋势

主　　讲: 马晓暐
对　　话: 杨　锐、马晓暐
后期整理: 叶　晶、马之野
授课时间: 2016 年 9 月 23 日

马晓暐

　　意格国际创始人，现任意格国际总裁、首席设计师。1986 年毕业于北京林业大学园林系园林设计专业，后任教于北京理工大学工业设计系; 1989 年赴美，就读于明尼苏达大学设计学院，毕业后曾任职于明尼阿波利斯市 Ellerbe Becket 事务所、波士顿 Sasaki Associates、HOK.Inc 旧金山公司、Hart Howerton 等著名设计机构; 2004 年至 2014 年担任美国明尼苏达大学建筑与景观设计学院董事会董事; 2006 年起担任上海市景观学会理事。现师从于中国风景园林学泰斗孟兆祯院士攻读博士学位。

　　通过三十多年的设计研究与实践，马晓暐先生提出: 在满足风景园林四大属性"人本性、地域性、生态性、经济性"的基础上，以"天人合一"为总纲，以意境营造为核心艺术追求，以竖向设计为核心技术，以景观与市政、水利、建筑等专业整合的综合设计手法为核心流程，以满足生活需求为核心诉求，构成当代景观设计理论"新自然主义园林"的核心理论体系，并在此基础上发展出当代中国"新山水园林"的创作风格。马晓暐先生先后主持设计了包括海南博鳌亚洲论坛系列项目、千岛湖珍珠半岛中心景观带、台州云西公园、洛河瀍河滨水风光带、千岛湖旅游学院、桐庐富春江滨水风光带、桐庐高铁站站前广场（建设中）等一批具有影响力的园林工程项目。

第一部分——授课教师主题演讲

一、引　言

杨　锐：　　　今天我们非常荣幸邀请到我国著名的风景园林师马晓暐老师。马晓暐老师在国内外都接受了风景园林教育，思想非常深刻，有园林实践经验的同学一定认识他。我跟他也有很多次的交流，希望大家可以从他今天将要讲授的内容中受益。我们还是像去年一样，先由马老师讲 45 分钟，然后我们进行 45 分钟的讨论、对话、问答环节。下面请大家以热烈的掌声欢迎马老师。

马晓暐：　　　谢谢大家，这是我第三次来清华讲这个话题了。我非常感谢杨锐老师给予我这样一个难得的机会，能与大家互相交流心得感想。

　　　　　　今天要讲的内容其实是一个复杂的话题，主要目标有两个，第一是讲风景园林专业的范畴和定义，第二是讲风景园林师相关的责任和义务。今天我还想增加使命和机遇这两方面的内容。这是一个非常难讲的话题，也是我第三次来清华讲授这一方面的内容，每次过来讲课都会带着一些新的收获和体会来和大家分享。它对我而言也是一种督促，督促我不断去思考和总结风景园林相关的概念。

　　　　　　我自己跟大家一样，还是个学生。虽然我已经 53 岁了，但是还没有毕业。我现在仍然跟着孟先生在攻读博士学位，博士论文跟这一话题也有非常大的关系。我特别感谢杨老师给我这个机会，不仅加深我对风景园林专业的思考，也是督促我赶紧把博士论文给写完。

　　　　　　这是我第三次来清华了，我发现每次来清华，听课的学生规模都不一样。第一次讲是十几个人，第二次讲是二十多个人、接近三十人，今天是第三次，教室都坐不下了，这点我特别开心。

　　　　　　我是最早在风景园林的学术圈中，呼吁清华成立景观专业的人之一。我记得 20 多年前，1993 年左右，可能在座的很多同学还没有出生，那时候我还在 Sasaki 工作，俞孔坚老师还在哈佛大学读书。我记得当时清华的孙凤岐老师到哈佛大学当访问学者，那时候我就跟俞老师一起，来说服清华成立这个专业。后来清华终于在杨老师的努力下，把景观专业成立发展起来，我非常开心，也非常高兴曾经为它的发展提供过建议。虽然我对从北林毕业感到非常自豪，但是我觉得这个专业仅仅是在农林院校是对它很大的局限。

　　　　　　我在读博士之前，听说西方的风景园林博士是哲学博士，当时很不理解，我说为什么是哲学博士？这跟哲学什么关系？为什么不是园林学博士？为什么不是设计学博士？为什么是哲学博士？到现在这个年龄我能理解了，因为 20 多岁时认为我们的专业是个形态的问题，30 多岁时认为我们的专业是个空间的问题，40 多岁时认为我们的专业是一种生活方式的问题，到了 50 多岁，我深深地认识到这是个哲学问题。以我自己为例，我现在每天还是跟一个正常的设计师一样，自己拿着比例尺，画等高线，画方案草图，有时候一个项目要跑 20 次现场。我现在在做桐庐的项目，方案已经开始施工了，我几乎是每个星期都去，单程 4 个小时。那究竟是什么能够支撑一个 53 岁的人到现在还在画图？还在画线条？还在跑现场？如果是形态的创造上让我感觉很兴奋，几十年前我就可以做到这些；如果是能够帮我实现一些空间营造的梦想，我也很早就体会到了这种梦想成真的喜悦；如果是说打造一种生活方式，那我相信，除了我以外，很多人都能打造一种生活方式，那也没必要由我来做。所以我终于明白了，现在支撑我继续做设计、走下去的最大的一个出发点是：做设计能够让我去实现我的一种价值观、一种人生观、一种世界观、一种自然观，能帮助我回答自己是谁这样一个根本问题。这才是能够让一个五十几岁的人仍然像一个二十多岁的设计师一样，天天画图，天天跑现场的动力之源。

所以我今天想跟同学分享的不仅仅是风景园林专业本身的内容，更是对人类发展必然规律的看法。什么是风景园林？风景园林它的对象是什么？我们经常说风景园林是在研究人和自然关系的问题，人与人关系的问题，这两个问题几乎就涵盖了所有问题，所以如果不从人类的高度来回答这个问题，不从一个大尺度来看待这些问题，那就无法回答"风景园林到底是什么"，"风景园林到底该做什么"，"风景园林到底能做什么"这三个问题。实际上这些都是我们用短暂时间和研究无法深入回答的问题，所以我今天只能用 45 分钟的授课时间去试图回答人类一直在面对的问题。我们认为人类有几个终极的问题，我们是谁？我们从哪里来？我们向哪里去？其实人类社会走到今天都是在做所有各种各样的事情来回答这三大问题。我们今天为什么会有名牌，今天为什么会有豪宅，今天为什么会有这些奢侈品？其实它还是在回答或者是帮助某些人来回答我是谁的问题。

接下来我会探讨以下几个话题：我会用非常短暂的时间来谈文明的历程，我们是怎么走到今天？人类的文明到底有哪些？有哪些不同的思维方式？东西方文明的本质差别到底在哪里？在人类文明的基础上，我会继续讨论风景园林师的范畴、内容、使命，包括机遇到底在哪里。

我希望能够在这么短的时间之内来回答这么大的问题，恐怕是我面对的最大一个难题。从这个角度来看，大家应该也能理解为什么我的论文老出不来？就是因为题目实在太大了，所以目前也很苦恼，一直在努力去缩小，缩小到一个能够把它完成的尺度。

二、东西方文明发展轨迹的相似性

1. 一个飞跃——农耕文明与个体意识萌芽

我刚和助教张引同学在聊农耕文明的事情。我说农耕文明的本质是什么？为什么会有农耕文明？250 万年前，人类开始出现；10 多万年前，直立人、现代人走出非洲；5 万多年前，人类走向亚洲；1 万多年前，农耕出现；直到 4000 多年前，农耕文明才开始出现。为什么在这么漫长的人类进化历程中最终出现了农耕文明？为什么人类早就有很发达很先进的语言，却迟迟没有创造文字，直到 3000 多年前才出现？

我个人是这么解读的，我认为农耕文明也好、文字也好，它的本因归结于人的个体意识的觉醒。在农耕文明之前人类社会是采摘文明和狩猎文明。采摘文明和狩猎文明一个最大的特征就是受到外界环境的制约。采摘文明是季节性的，一年只有秋季的时候才能采摘，其他时间靠采摘是活不下去的。那冬天的时候怎么办？就得靠狩猎。而狩猎是人类无法个体完成的，因为大家都知道，我们不如羊能在山上跑，我们不如牛强壮，我们也不如鸟能在天上飞。人类赶不上很多种生物的特性，因此，人类只能通过集体行动才能够抓住一只鸟或是捕获一只猛兽，才能够满足自己生存下去的需求。而农耕文明的出现使人类发现，只需要一个最小的单元就可以生存下去。也就是说，一个家庭能够在农耕文明出现的时候单独生存下去。正是因为人追求独立和自我，才促使农耕文明出现并繁衍壮大。

老子曾说"鸡犬相闻，老死不相往来"。鸡犬相闻说明距离很近，能听到邻家的鸡声；但是老死不相往来是什么？我过我的，你过你的。这句俗语说的也是独立性的问题，也就是人类在农耕文明出现的时候终于可以独立了。大家都知道在这之前人类是没有自我意识的，人类从女娲到伏羲到神农，所谓的"三皇五帝"，其实就是从母系氏族到父系氏族，然后到农耕的一个过程。父系氏族是跟农耕文明同时出现的，同时出现的原因就是因为人开始找到了个体的价值和存在，而之前都还是只知其母，不知其父的状态。氏族的孩子都知道母亲是谁，知道自己是谁生的，但是不知道父亲是谁。大家不要以为东方是东方的过程，西方是西方的过程，东西方本质上是一样的过程，全人类都是一样的过程。无论是现当代的欧洲人、亚洲人，还是北美人，人类都在走同样的轨迹，只是速度的快慢不同，本质上方向是一样的，来源也是一样的。

大概公元前 15000 年的旧石器时代，母系社会出现。公元前 6000 ～ 7000 年，新石器时代出现，标志着人类从旧石器时代的围猎文明向农耕文明转变。农耕文明的重要节点就是父系氏族的出现。男人除了狩猎之外，终于知道这是我的孩子，那是别人的孩子。在男性找到自己的存在价值之前，所有一个部落里的孩子都是母亲的孩子。

从"只知其母，不知其父"到"知道这是我的孩子"，这是一个革命性的飞跃，人类终于在漫长的发展历程中找到了自己存在的价值。我们经常说从新石器农耕文明之后开始进入男性主导的时代，这有点片面地强调男性和女性对立，其实它代表的是人类开始找到个体存在的意义和价值。在那之前都是公有的状态，人类生活得很快乐，这种快乐是在集体无意识状态下的一种快乐，跟小鸟集群一样单纯的快乐；在那之后开始出现私有的形态，人类开始逐渐拥有个体意识，它就像一个潘多拉的盒子，不见得是一个快乐的过程，但是却必然发生。人类文明就是从集体无意识走向个体有意识的过程，农耕文明是其中一个很重要的阶段。这是我想阐述的第一个基本观点。

2. 发展与反弹——东西方文明相同的轨道与不同的速度

我们回顾古代历史的时候，会发现人类的发展历程是非常接近的，但是由于地理环境的限制，人类发展的速度是不一样的。比方说人类走到亚洲和走到澳洲，或者走到北美洲时间是很接近的，但是人类在亚洲发展的速度远远快于在美洲的发展速度，因为美洲的居民是从亚洲移民过去的。所以当18世纪欧洲人进入美洲的时候，才突然发现，哇，这地方的人类怎么还那么落后，居然还有美洲的部落是处在母系社会的晚期和父系社会的早期，真让人大吃一惊。因为这是人类好几千年前早已经历过的状态。但缓慢不等同于落后，它只是在我们后面多停留一些时间，它的原住民一样快乐，一样有存在的价值。

从人类的历史之中，我发现这个过程非常有趣，也让我继续思考欧洲文明和亚洲文明是如何发展而来的。其实道理非常简单。中华文明是一个缓慢且独立发展的文明，它在发展过程中没有太多受其他文明的影响，整体而言是一个以自我为中心的发展历程。这是因为我们所处的土地一面是大海，一面是高山，跟其他的文明几乎没有任何交集，即便有交集也是微乎其微。直到汉代，我们才听说有大秦的存在，即古罗马的存在；到了唐代的时候我们跟人打了一仗才发现伊斯兰帝国崛起了；到了宋代的时候，我们真正的贸易才大规模发展起来；到了元朝的时候，两大文明通过蒙古的嫁接才完全融合到一起。从上述历史中可以看出，中华民族早期文明的形成是一个独立发展的过程。那欧洲文明是怎么回事？欧洲文明的形成大多围绕地中海发展，地中海一侧是小亚细亚，小亚细亚是最早出现农耕文明的地方，也就是两河流域，之后出现埃及文明。这些文明也经历了类似于中国尧、舜的禅让制度。这种禅让制度就是一种早期的民主制，这种民主制度谁都经历过，只是在古希腊或者两河流域经历原始民主状态的时候，还没有文字记载，文字发明于这一时期之后。当古希腊以这些文明为基础，快速崛起的时候，就好像一个手无缚鸡之力的婴儿，它的邻居却已经成长为一个四肢健全的成年人，它被这些成年人胁迫着发展，失去了像中华文明一样独立发展的时间跟空间，一下子走向发展的对立面。马其顿人，以亚历山大大帝为领袖，将古希腊从强调自我和民主的状态强行带入一个集权的社会，这一事件的代表就是亚历山大大帝东征，他战胜了波斯帝国，成为当时西方社会的统治者，他的战果也一直延续到印度。

亚历山大大帝身上所发生的事情非常有趣。他年轻时是一个古希腊文明的崇尚者，但是当他开始东征后，在很短的时间之内就变成了追求集权的狂热分子。他开始穿东方的衣服，娶东方的老婆，开始要求自己的手下按照东方的跪拜仪式向他行礼。众叛亲离后，他不得不听从那些马其顿人渴望回归故土的心愿，最终死在了回国的路上。

　　为什么说亚历山大大帝转变的过程很有趣？从他的身上我们可以看到，当一个弱小的新生文明被一个强大的成熟文明胁迫的时候，他从一个新生文明的崇尚者，一夜之间转变为对立的一种状态。这种转变，本应该通过 2000 ~ 3000 年的时间才能慢慢发生过渡，结果只用了几百年的时间，就实现了从一个极端走向另一个极端的转变，直到基督教变成国教后才出现一些缓慢的反弹。从发展历程来看，亚历山大大帝被罗马帝国像弹弓一样给拉伸到了对立面，拉伸完之后一松手弹回去，又回到最初的原点，实现了一个完整的循环。

　　从以上论述来看，东西方文明的演进过程形成了两种发展趋势，当中华文明逐渐走到这个弹弓一侧的时候，西方文明已经被弹回去了。我想说明一点，大家有时候误以为西方文明和东方文明是在两种完全不同的环境下产生和发展而来的，所以是完全不同的文明。不错，一个是大陆文明，一个是海洋文明；一个是以农耕为主的文明，一个是以贸易交换为主的文明。但实际上不管哪种文明，只要是人类的文明，它的整个轨迹都应该是完整的。比方说我们如果把女娲时期看作是一种平衡的状态，农耕文明的早期看成是走向个体的开端，那么中华文明的早期就是从公有制走向私有制的过程，也曾像西方文明一样经历过一个极致的状态，这一阶段就是春秋战国时期。周朝灭亡的时候，其实是我们最个体化的时候，请看先秦诸子百家对于个性的张扬和伸张，比今天的美国人还过分，比今天美国人还美国人。杨朱说"利天下而拔一毛者不为也"，多么自豪的强调个人主义。利天下而一毛不拔是什么意思？它不是说一个人过于的吝啬不愿意去拔一毛以利天下，它的意思是说你不能以天下的名义来拔我的毛，你没有这个权利。这其实是在最大限度维护个体权益，我可以拔毛，你不能拔我的毛，你不能以天下为理由来拔我的毛。所以说我们中国人在那个时期个性的张扬和豪放是非常美的一种状态，不亚于任何其他民族，不亚于当今西方任何以个体主义为导向的文化，完全不处于下风。

3．当下价值观的印证——文明和价值观正在反弹的张力

　　东方文明和西方文明的早期过程是一样的，希腊人也是在很早的时候走到这个点上，但是由于存在一个比它成熟很多的两河流域农耕文明，于是很早就形成了帝国和集权。东方文明花了将近 2000 年才走到这里，而西方文明则是在很短的时间内几乎一步跨到这里，就好像一个人的思想还停留在原点，但是他的身体已经被带到更远的地方，这种矛盾就形成了反向的张力，这也是促使西方文明走向文艺复兴，然后继续往前反弹到现代主义的动力。西方文明曾在公元前 200 多年的时候处在一种原始的状态；公元 200 年时，罗马帝国将它带到对立的另一种状态；然后从公元 400 年开始，反弹的张力促使它掉头，重新回到最原始的方向，从中世纪、文艺复兴、再到现代主义，花费了大量时间慢慢回到原始起点。那么西方文明现在在哪里？我认为现在的西方文明已经跨入了新的阶段，一个提倡集体和公有的阶段。所以现在我们经常会听到大量关于西方文明环保、集体、社群

的新闻。因为西方文明开始意识到集体的价值，开始讨论集体相关的话题，并且认识到个体是无法脱离集体存在的。

而东方文明呢？我们从女娲、伏羲时期慢慢过渡到农耕文明，我们从春秋战国走到唐代、走向清末，凡是在这个轴上的中华文明都是最美的展现。西方文明的导向是集体导向，他们出现川普这一类的人是走向集体导向中的一种反弹。为什么傅园慧会这么火，是因为她游泳特别好吗？大家早就忘了她游什么泳了，在座的人几乎没有人说得出来傅园慧是游哪个姿势的，但是没有人会否认傅园慧火了！这是因为她有个性，大家消费的是她的个性，被她的个性所深深的感染。她的大火特火，让人不可思议，但也正是我们追求个性的一种体现。

三、西方两种不同思维方式——循环与线性

1. 东西方文化中的循环、线性：两极并存

在我们大谈生态、特谈生态的今天，我们该不该讨论东西方文化的发展方向，这也是我今天试图在回答的根本性问题。

刚才讨论了我对于东西方文明发展轨迹的一些个人想法，接下来，我想讨论东西方两种不同模式的思维方式。我认为社会有两种思维方式，一种是循环的思维方式，即认为万物都是循环往复的，其中最典型的代表就是以老庄为核心的道家学术。另一种是线形的思维方式，即万物都是以线性在运作，其中最典型的代表就是以孔孟为核心的儒家学说。

这两种方式其实东西方文化都有，为什么我们会有儒家，会有道家？为什么我们儒道能够并存？其实一个很大的原因是因为一个代表了循环思维方式，另一个代表线性思维方式，所以在孔子学说和老子学说里，你会看到这两种思维方式是完全不一样的。例如，老子对世界万物的理解是什么？老子说"万物作而弗始也，为而弗志也"。也就是说一切都是在循环往复，不要去人为干涉也不要把个人意识强加于循环之中。《道德经》里边只出现过一次"志"，并且还在志前加了个否定词。那么与老子相对应，孔子是怎么说？孔子说"三军可夺帅也，匹夫不可夺志"。孔子特别强调线性的"志"，虽然我今天不是，但我立志要成为一个园林师，我立志要成为一个某某，它是一个完全线性的方式。线性是一种诉求，你看西方基督教就是一种典型的线性思维方式，有头有尾，目标清晰。头是什么？是创世纪，社会哪来的？上帝创造的。尾是什么？是终结，终极审判、终极裁判，我们等待终极裁判到来那一天。马克思主义，也是一种典型的线性思维方式，人类社会是怎么来的？人类社会是从原始社会到奴隶制社会、封建制社会、资本主义社会、社会主义社会，最后到共产主义社会慢慢发展而来的，这是一条时间的轴线，起点清楚，目标明确。但是这种线性思维方式在老子学说里面完全不成立，万物周而复始，怎么会是线性的呢？社会发展到了共产主义之后是否会存在后共产主义？只有万物的周而复始是绝对正确的。

　　其实不单中国人知道，西方人也知道，只是西方人忘了。西方人在基督教传入之后，就把这种传统的循环思维方式给抹掉了。但是现在，你在西方的一个角落还可以找到，并且用 5000 年以前人类构建的景观形式保存着，它就是爱尔兰。我第一次看到照片的时候大吃一惊，我说这不是中国的阴阳太极吗，这怎么会被西方人建出来呢？而且还是 5000 年以前的产物。我一直以为太极是东方文明的代表，突然发现，西方文明也早就有这样认识，只不过它存在的痕迹被人为的抹掉了，只保留在我们东方文明的体系中。如果用一个简单的方式来解读太极，我们可以用科学中常用的同性相斥，异性相吸的道理来做比喻，这个社会就是由两极组成的。

　　那么好了，同性相斥、异性相吸，如果它是真理的话，那么同性相斥，就会永远相斥，一直到分离为止。如果相吸，就会永远相吸，直到相撞为止，那这个地球还存在吗？答案是地球不会存在，那为什么仍然是同性相斥，异性相吸的道理呢？那就是因为你只看正面，却没有看到反面。也就是说如果这是阴，这是阳，按照上述道理，阴跟阳是一个相吸的过程，但是阳的背后就是阴，并且是一个自我转换的过程。所以当它是阴和阳的时候，相吸的同时它也在发生转换，转换到一定程度就变成同性，于是在没有碰撞之前它就开始相斥，但相斥的时候它又在发生转换，在它没有分到不可分的时候开始变成异性，继续相吸的过程。所以同性相斥、异性相吸所阐述的根本道理其实是万物都是有两性，且不断自我转换的。所以我们不要拿一种特征去给一个人或一种文化贴上标签，这种做法本身是错误的，你描绘的只是东西文化的阶段性特征，但绝不是它们的所有特征。例如你只从东方文化强调集体主义这一视角出发，你就会发现中国人特不民主，将集体的意志强加到个人的意志之上。但显然这种见解是片面的，因为你过分强调东方文化不民主的背面，而忽略它民主的正面，所以你得出的结论也是错误的。

　　从这一角度出发，就可以来理解中国园林为什么有围墙，西方园林为什么有轴线这一学术问题。西方园林为什么有轴线？我原来想不通，现在非常明白，因为轴线就是西方文化的社会属性；当它的个人意志完全受保障的时候，反而向往群体属性和社会属性；而东方文化正是因为集体的存在，只能通过围墙来保护自己残存的个人属性。当我们走进个园时，看到"壶天自春"的楹联会有怎样的感受？不管园外是什么季节，这里永远是春天，因为它只与我的个人属性相关，不受外界环境干扰。

　　中国园林就是保护自我，保护个性的根本存在。山水画是什么？山水诗是什么？山水园是什么？它们都是中国人彰显个性的方式，当时不能够去讽刺这个社会，写了会被判刑，但是如果画一只鸟瞪着眼睛，只拿一只脚站立，你又能奈我何？当时不能说社会非常的肃杀和压抑，但是画一幅萧瑟的冬景，你如何给我定罪？你们可以发现元代的文人画全都是这样的风格。我走进大都会博物馆看元人绘画，会有种压抑到喘不过气来的感受，为什么？他们对社会的不满全都通过绘画来表达，所以元代的时候文人画非常盛行。我一直说文人画就是牢骚画，与它类似的山水诗、山水画、山水园都是在抒发内心不满的同时，又能保护自我的有效方法，其中也包括书法艺术。我们欣赏书法，欣赏的不是书法的共性，而是人的个性，我们通过书法的描绘，看到的是一个人的内心世界。因此，中国所有艺术的存在都是个性和内心世界存在的一种表现，包括造园。这是我看待东西方文化视角中一个很重要的组成部分，我们几乎可以把两极关系用来解释万物存在的所有道理。例如个体和集体，私和公，都可以用它来进行解释，包括孔子所说的"克己复礼"的道理。

孔子认为要克己复礼，为什么呢？因为"克己复礼，天下归仁"。为什么克己复礼，天下就能归仁呢？因为春秋战国是中国历史中个体最张扬的时代，孔子认为个性过于张扬会导致社会失去规律，最终引起天下大乱，而克己复礼强调古时的礼制和规范，可以帮助社会恢复逻辑，恢复规律，并最终走向最高目标——仁，也就是"天下归仁"。孔子在这一方面说的非常清楚。孔子说如果个体强调是质，也就是说品质和本质，那么它的对立面强调的是文，文明、文化、秩序。孔子说"质胜文则野"，本质超过了文明就会变得很野蛮，"文胜质则史"，文明超过了本质就会过于呆板，"文质彬彬，方为君子"，本质和文明相得益彰，才可以成为君子。所以孔子追求的不是偏向任何一方的极端，他想要的是两者的和谐，这才是万物发展的必然规律。但是社会的和谐发展不可能是静止的状态，如果靠人力而强行停留在某个阶段，会成为反社会、反自然规律的一种行为。所以应当让社会自然而然地走向个体，走向集体，让它能够循环往复地去发展。

从孔子的观点来看，西方文明在过去 2000 年都呈现出从文走向质的变化趋势，东方文明则是从质走向文的自然发展过程。朱熹理学出现在宋代，王阳明的心学出现在明代，都是以个体为导向，从个体走向文的过程。统治者要的是秩序和统一，而不是个性和独立，这些理论观点都给他们提供了统治群众思想的工具，也是顺应时代发展的产物。

在这一方面老子跟孔子的看法和重点都不一样。我们经常说天人合一，指的是人与天的一种平衡和谐的关系，社会发展到宋明时期，中国就变成了有天无人，而西方人则发展成为有人无天。西方社会对于环境的破坏、污染、浪费、资源过分的消耗都是发生在 1960 年代、1970 年代工业革命的尾期，因为它们彻彻底底的忘记了天。而我们呢？我们则是把人给放在了脑后。老子说"域有四大，人为其一"。"人法地、地法天、天法道、道法自然"。他是把人跟天、道、地同等对待的。从人类自身角度来看，人是有七情六欲的，这是人性的必然。

2. 从意识到形态——"两极一轴四区理论"在风景园林流派中的体现

从这一点上我们能够看出人类社会发展的基本规律，如果把它看作一个合理自然的过程，那么过程中的每一个阶段也都是合理的，这是一个循环往复的发展，你不能主观判断谁对谁错。如果我们再看杨锐老师的"境其地"理论，你会发现境学"道德理术用制象意"和我的这套体系也是完全吻合的。"用"强调的是功用、功效，对于使用者的意义。我设计的这个园林是为谁设计的？它需要怎样的空间？我需要一个界定清晰的使用对象，并且满足其功能需求。"象"强调的是艺术性，是在满足基本的使用功能之后，走向审美的过程。而"意"则是对"象"的抽象升华，我把它定义为某种精神。"道德理术用制象意"提出了建立在两个极端上的四大诉求，分别是方法、使用、艺术和精神，所以我把它叫做两极一轴四区，四元均衡，和杨老师提炼的东西本质上是一样的，只是我们看待角度和陈述方式略有不同而已。

我们再来看风景园林的分类，我认为全世界的风景园林都会归纳为四种类型：

第一种类型强调政策和治理，麦克哈格就是其中的典型代表。他站在更为宏观的角度，把地球看作一个整体，强调生态、社会、融合、统一等方面的内容。从麦克哈格的立场来看，他会认为人类对自然、生物干了很多坏事，无法得到原谅，因此他很讨厌使用者与自己的作品发生关联。他曾经说过，看到有人在自己的作品里举办BBQ之类的活动，他会感到非常厌恶。这样的景观设计师未免太奇怪了吧？看到别人使用自己的作品会感到厌恶，会希望人类离自然远点。中国也有这样的设计师，诉求非常鲜明，忧国忧民，这是一种生态至上的设计观念。他们设计的作品里，你可能除了看到一些栈道和一两个塔之外什么都没有，小孩嬉戏的空间没有，野餐的场所没有，景观设计的多样性更没有，为什么？他更多的是想生态怎么办？土壤怎么办？水环境怎么办？植被怎么办？动物怎么办？所以他想通过景观的手法来约束游客的行为，如果你不给游客提供户外休闲的机会，他们就无法对自然环境造成更大的损害。

第二种类型强调园林功能，以现代主义园林为典型代表。我以前工作过的Sasaki景观公司就是一个很好的例证，Sasaki公司以使用者为对象，对人性的关爱无微不至，非常强调功能。我记得曾经和著名景观大师Stone Dawson讨论过项目合作的事情，他始终都在围绕user, people这样的词汇展开讨论。例如人怎么走，人怎么来，人来了该怎么用，人怎么出去，交通使用是否方便？从历史来看，美国的发展是在文艺复兴以后盛行的，所以美国对于人性的关怀非常深刻和全面，甚至上升到法律层级，例如美国ADA景观设计公司，简直到了不可想象的程度。我基本上看一眼园林的相关照片，就可以立刻说出来是美国人还是欧洲人设计建造的。为什么？因为很多欧洲做法在美国完全不合法，如果建造是会受到法律诉讼的。所以美国的景观设计完全是一种功能至上的态度，现代主义也是类似这样的状态，要抛弃所有跟功能性无关的东西。

中国人离现代主义很远，也无法做出现代主义的东西。即使是现在特火的某位大师，他是一位纯粹的现代主义者，但是设计的作品却一定要拿文化来做包装，用一些砖瓦做表皮。如果把砖瓦换成素混凝土，它就是纯粹的现代主义做法，因为现代主义不需要外皮。但当代的中国现代主义只能包一层外皮才能够继续生存，我们这个社会还不能够容纳纯粹的现代主义。

第三种类型是情景化的园林，其中的典型性代表就是玛莎·舒瓦茨、古斯塔夫这一些艺术细胞非常浓烈的人群，他们个性中的创造和张扬，是 Sasaki 所不具备的。Sasaki 的主流是现代主义，即使有个性，也是少数人所呈现的后现代主义面貌。但是玛莎所代表的情景化的园林，正是中国传统园林所在的地方。上次彼得·沃克来中国的时候，把玛莎·舒瓦茨的园林跟中国园林等同，他说玛莎·舒瓦茨的园林和中国的园林都是用来开 party 的，用一句话就点明了这个实质。他的言论实在太过精辟和伟大，不愧是世界级景观大师的水准。有些人特别讨厌中国园林，完全站在现代主义的立场上来看中国园林，实际上是处在一种诉求的对角线上，只是他们言语太过激烈和冲动，引起了两方的不满和互掐。但归根结底，这两者都有存在的价值，只是缺乏沟通上的平衡和理解。

第四种类型是精神性的园林，其中的典型性代表就是彼得·沃克，还有日本园林。日本园林和中国园林几乎是两个完全不同的类别，我们几乎可以用它们把所有的园林形式都装进去，日本园林曾经以中国园林为导向，但二者都有自己的根本诉求。

你今天去找玛莎·舒瓦茨，她会跟你谈生态，因为她知道今天这种社会诉求具有公共价值，是一条政治导向正确的道路。政治正确也是西方文明中非常强调的方面。前两天我去给 Sasaki 和 SOM 做的济南 CBD 景观方案当评审专家，我翻了两个文本之后很吃惊，为什么？两个文本的组织逻辑几乎是一样的。汇报的第一页先谈生态的情况，水环境如何，雨水现状如何，等等。我心想 CBD 的园林谈什么生态，CBD 的园林应该先谈 CBD 是怎么回事。但是他们汇报了半天我也没搞清楚 CBD 的问题，却发现他们一直在讨论生态。这片场地的旁边就是五栋高塔，于是我就问他们，周围五栋高塔的使用者是哪些人群，他们对于场地的诉求有哪些？他们中午吃饭的问题怎么解决，会过来这片场地吗？我在汇报里完全没听到他们讨论这些。我说应该首先分析周围五栋高塔的人群数量、人群需求等基本问题，不管是参与性还是服务性，都应该强调这一方面的内容。结果你们却谈了半天生态，都是一些模式化、标准化东西，比如雨水怎么收集等。雨水收集在国外早已经是系列化、体系化、产业化的项目了。但是我能理解他们这么做的原因，因为对 Sasaki 和 SOM 而言，不那么谈不行，中国的业主是这种诉求，也是政策的引导。

东西方园林的本质在哪里？我认为本质在于：一个是借景，一个是造景。这是传统的东西方园林所呈现的一种阶段性特征，但这种观念和方式正在发生改变。现在的美国人已经开始学习借景，例如 MVV 做的泪珠公园、布鲁克林公园，已经开始将借景的手法运用其中。有一次在上海的群里面，我发了一个帖子，说道在美国看完了最新的公园，有一种被人断了后路的感觉，他们就问我具体的意思和原因是什么，我说等我博士论文出来才能回答这个问题。

我们现在对个性张扬的大师特别的崇拜，如果玛莎·舒瓦茨跑到哈佛大学去演讲可能来 20 个人，跑到中国演讲恨不得来两千人，大家一看这种张扬的大师简直蜂拥而至。但是跟今天的年轻人讲借景，大家嘴上附和，内心却没有赞同。

我前两天在上海给我们一个团队评图，他们做了两个特别好的借景轴，而且还有落差，我说这个项目最大的机遇就在这两条轴的借景上，他们表示赞同。可是等到最终汇报的时候，我一看效果图，压根一张借景都没有，全是说这道牙怎么做的，这水怎么做的，因为现在大家的兴趣点都在张扬个性，只有个性的东西才能够得到所有人的瞩目。这很正常，因为我们就在这个过程中，我们的角度和出发点是完全不一样的。

四、我们的使命是什么？

1.风景园林师的四大责任——我们是平衡者

最后一个话题，关于我们的使命是什么。首先，我认为风景园林师的使命是补充和完善这个社会，当这个社会过分偏向某一方面的时候，我们需要起到一个平衡的作用。这一作用不是说转向平衡的另一方，相反，我们应该保证社会的这种倾向能够实现，能为转向另一方提供基础。例如当社会过分强调个体存在的时候，我们恰恰需要保证个体存在的价值。为什么西方人遵纪守法？因为他们已经走过了强调个体权力的阶段，当个人权利完全被保障的时候，西方社会开始转向集体视角的方面，所以他们现在非常强调生态，他们会考虑地球变暖怎么办，小鸟怎么办，森林怎么办。

西方人也经历过这个阶段，他们当时的诉求也是我们现在的诉求，只是我们处在不同的发展阶段而已。所以有时候你会发现我们现在的诉求跟西方人是相反的。西方人认为人类不应该消费汽车了，我们却认为我们刚刚开始有汽车，我们应该大量生产、大量使用，这是两个完全相反的观点。但是我们要互相理解，因为从本质上讲，我们和西方人根本目的是一样的，我们都在追求社会和谐的道路上前进，只是处在不同的发展阶段而已。社会是一个走向和谐的发展历程，个体诉求、集体诉求都是必然的。风景园林是个平衡者，这是我想说的重点。

最后，我想说一下我们的责任。我们的责任就是保护个体的价值，我们是个体权益的维护者。所以，我们要做无障碍，我们要做残坡，我们要做参与性强的东西，我们一定要为人打造出安全的、适宜的，而且适合所有年龄段的设计。西方儿童活动都是按照年龄段分的，而中国的园林花费这么多钱，又有多少儿童活动按年龄段分？有围栏吗？有安全保障吗？有家长看护区吗？答案是几乎都没有，我们还处在一个很低的发展水平。那么在这一方面，我们可以做的事情就是维权。

此外，我们还可以传承我们的文化，包括地域性在内。我们现在做的园林有地域性吗？能感动人吗？能打动人吗？很难，我们都是模式化的园林，石头是那么堆的，树也是那么种的，不管是北京、上海，都是一样的模式。碧桂园在山东做的设计，跟碧桂园在新加坡、马来西亚各个岛屿上做的设计没什么本质差别。地域性、自然性、文化性，我觉得用的都不好。MVV的场地里面能够做冰，我们有见过中国人拿冰做景观吗？没有，所以我们整天嘴上说道法自然，但到了实际情况下，我们把自然忘得干干净净。我们在这一方面做的不好，也是我们自己的责任。

然后，有关精神性的园林，我们的园林能让人感受到天地轮回的存在吗？能传达精神力量吗？答案是没有。西方园林也很难做到。你可以去爱尔兰去看，它能够在冬至降临的那一天把阳光引入洞里，模仿生命的开始跟终结。教堂就是来自于光，光就是生命。但是前不久在新泽西看雕塑公园，有一个玛雅林的场地上堆了很多坡，用来模拟风对大地的影响。我当时就在笑，我说人类对大地的感受只剩下一些支离破碎的表达。如果爱尔兰 5000 年以前的景观是个苹果，那玛雅林就是个樱桃。当然这话有点刻薄，它还是了不起的一个设计，只是我觉得我们在退化，各方面都在退化。

最后，就是政策性园林，我们必须得强调自然，强调生态。因为当我们开始享受个体需求的时候，我们就把大自然的公共利益忘掉了。我们现在做了太多的假生态，甚至很多时候为了生态而做生态，我们需要深刻理解生态的含义，去做真正环境良好的景观园林。

所以我们是一个平衡者，应当关注社会缺少的方面，为了促进社会和谐而努力。我们也面对很多机遇，其中最大的机遇就是西方文明和东方文明的发展就要联结在一起成为一个完整的循环了。西方文明从这个地方走，走到那儿的时候被迅速拉到原来的方向，它缺少我们走的那一段；东方文明是从这个地方，慢慢的走到那儿，然后被西方人的力量往相反方向拉，被带到今天这个还未完成的状态。所以东西方文明都不完整，都严重缺项，而且缺少的内容就是对方的文明。我们现在所处的位置相当于中世纪的晚期、文艺复兴的早期。我们经常说中华文明走向复兴，说的特别对，我们确实走向复兴，我们就是在走向复兴的一个过程。而西方文明就在走向程朱理学，类似于我们宋代的发展阶段。所以我个人的判断是西方文明下一个阶段就是我们的唐宋时期，而东方文明下一阶段就是文艺复兴。

我在上海讲这些观点的时候，他们说太搞笑了，我说唐代发展的后期出现了什么？答案是安史之乱。安史之乱就是伊斯兰的问题，也就是西方文明现在面对的难民问题，类似于外族入侵造成的混乱局面。而我们的下一个阶段，则是脱离中世纪走向文艺复兴的一个过程。

2. 虚拟时代的 2016——风景园林师的机遇

当人类文明开始相遇，并且意识到自己沿着对方的发展方向在前进的时候，人类就会开始维护自己的传统，同时也在避免走到别人的地狱里面去。所以对"我们是谁，我们从哪里来，我们到哪里去"这些观点而言，就开始产生一些互相斗争的张力，这些张力虽然在不同的历史阶段会产生一些影响，但最终却无法阻挡人类社会发展前进的轨迹。

最后，我想提醒大家一个重大的机遇，这个机遇就是2016年。2016年，我认为是人类从实体走向虚拟的一个时代，为什么？因为2016年，人工智能加上VR的概念产品得到广泛传播，是虚拟世界的元年。大家知道在这之前人类实现一切都需要靠物质去实现。为了证明自己是谁，人类需要花钱去买一架私人飞机、买一辆宾利，或者是买一个大豪宅来证明。这些能为他带来快感、成就感，而这些都来源于真实的物质消费。

前两天有另外一个帖子说，物质消费的时代即将终结，爱与精神的世界终将回归。我很同意这一观点，当人类对于物质世界的需求开始减弱，对精神世界的存在越来越依赖的时候，风景园林师的位置就要发生转变了。原来我们是物质文明发展中的生活载体，但是在虚拟世界里，我们可能会成为一个新的载体。因为虚拟世界到来的时候，它会打破今天我们看待的城市的角度。我们今天的城市规划还会存在吗？办公楼还会存在吗？消费、购物中心还会存在吗？我认为它会把今天我们用工业文明辛辛苦苦建立起来的都市文明冲垮。你会发现即使在深山中隐居，只要有网络，你还可以处在这个世界的中心。所以它会完全冲击掉我们现有的城市的形态，瓦解我们传统的城市规划方法。这个时候，人类就可以重新回归自然，风景园林也会扮演比以往建筑学、城市规划都更加重要一个角色。

所以，这就是我们机遇所在。通过虚拟现实的载体，我们可以把城市建设从物质层面向精神层面转换，最后上升到人与自然关系的探讨。我今天用很短的时间试图说明这些问题，希望能为大家提供稍微有价值的参考意见。

我先讲到这里，谢谢大家。

第二部分——互动交流环节

杨　锐：　　非常感谢马老师给我们做的精彩生动、思想深刻的演讲，这可能是我这么多年来，不管是国外讲座还是国内讲座中最吸引我，也对我最有启发的一个。说明马老师这么多年一直在思考，中国园林背后的发展动力到底是什么？风景园林和我们所处的物质空间之间有哪些关系？这确实是风景园林中最有意思，也是最吸引我的地方。因为时间关系，我把话语权重新交回给同学和马老师那边，欢迎大家向马老师提问！

学　生：　　马老师您好，我去年听过您的课，今年第二次听，对于您的讲课也有了更深的理解。请问您的博士论文题目具体是什么？

马晓暐：　　我的题目一直在变，目前的题目是"从东西方自然观差异看风景园林发展趋势"。但是这个题目一直被导师缩小范围，原来我还有风景园林学，后来导师把"学"给去掉，认为在博士论文的写作中，想要把东西方自然观相关的内容研究透彻已经非常难了，更不用说再加上风景园林学这样一个更大的研究系统。目前我还在完善的过程中，努力把范围缩小到我可以完成的程度。

学　生：　　从东方文明儒、释、道三个角度，您是怎么理解风景园林的概念？

马晓暐：　　刚才我谈的道家学说是循环思维，儒家学则是以线性思维为主，同时也包含了循环思维的内容。我认为儒家学说是一个比较完整的学说，例如儒家学说强调孝，孝其实就是延续性。人类文明所做的一切事情只为了一个目的，就是延续生命。因为生命是有机物跟无机物最大的差别，也是我们基因里面最珍贵的要素。

　　我想再谈一谈我对文明的看法，什么是文明？文明是物理延续生命的一种方式。很多人说文明是国家的诞生，有国家，有文字，有货币，就有文明了。但其实他们谈论的只是文明发展阶段的某种状态。有些西方人说中华文明起源比较晚，因为中国货币和文字的起源都比较晚。为了反驳他们，中国人特别强调夏、商、周的起源，一定要说我有夏，我并不比你差也不比你晚。西方人则认为那不是国家，更不是文明。

　　我认为这种对文明的理解是很片面的，文明其实是只有人类才有的延续生命的一种方式。动物延续生命依靠的是繁衍，而我们延续生命的方式除了繁衍以外还有其他的方式。我们开始有了职业和事业，有些人甚至可以为了职业而牺牲自己的家庭。为什么呢？因为他把事业看作是延续生命的方式。例如梵·高，梵·高没有孩子，但是你我都知道他是伟大的画家，并且他的名字会传递到更远的未来。梁思成先生育有一子梁从诫，梁从诫的儿子叫什么？很多人不知道，我们关注的只有梁思成，他永远活在我们心中。为什么？他有著作、有作品、有学说，这些东西只有他才有，所以我们才会记住他。由此可见，文明才是人类特有的，替代物理生命的一种新的延续生命的方式。未来的人类文明发展下去，其实是用虚拟来替代物质的。你们这一代人在有生之年，耗费金钱和时间最多的绝不是买房子，你们干吗？你们以后会把所有的钱和爱用于打造一个虚拟的你，用来延续你们未来的生命。

杨　锐：　　这是个非常有意思的问题。从实体到虚拟，无论是在技术层面还是思想层面，我们都能看到很显著的变化。那么对于风景园林师而言，我们在虚拟时代要从事怎样的工作呢？

马晓暐：　　我不能预知未来，但我有一种预感，就是从实体走向虚拟，我们的人居环境会发生一个质变。就以我们的上课为例，我今天站在这儿上课，你们都必须来听课，不来就要扣分。但是20年以后，清华的课程模式还会这样吗？我绝不相信20年以后，我和你们仍都必须亲自到场才可以上课或是听课。因为虚拟世界的发展会提供虚拟购物、虚拟校园、虚拟城市、虚拟办公的机会。人与人之间的关系也绝不会是当今的模式，也就是说现在开一家公司可能得雇佣60个人才能做。但在虚拟世界里，我可能开一家公司只有6个人，但是能干今天600个人能干的事情。人员关系也会随之发生质变，我不需要让员工都待在北上广，这些人也不用在北京、上海、深圳买房，他可能居住在临沂，甚至他本人都不用来上海找工作，但是可以和来自世界各地的很多人合作。

　　在这种情况之下，风景园林师到底做什么？我认为可能还会找到一种跟自然相处的新模式，找到一种新的人居关系。可能农村那些山水中的庭院会非常受欢迎，因为它能为人类提供与自然深度接触的机会。这种机会不是隐居，我们仍然生活在一个更加繁荣的世界之中，但是我们的物质存在和虚拟存在会在两个时空。所以我认为实体的园林会发生变化，虚拟的园林也会发生变化。今天所有设计专业学生毕业之后，都是在建造实体园林，我们学习园林工程，学习如何种树，但是我相信未来会有相当一批人在打造虚拟园林。他们的园林不会被实体建造，但是会永远存在于整个互联网领域，被人体验和享受，是一种梦幻的状态，和今天物质世界的园林完全不同。虚拟的园林创作会变得更加灿烂和自由，充满想象力。我相信这一天会很快到来，设计公司里会有相当一批人在设计那些永远不会建造的园林。

杨　锐：　　　关于马老师刚才讲的有关风景园林在农耕文明和工业文明影响下发生的变化，我们可以把它理解为过去及历史上的一个阶段。此外，马老师也对比了很多东西方风景园林发展的不同。我想请问您是如何判断中国园林的发展现状和问题的？我们先暂且不讨论西方，只讨论美国，关于美国风景园林的现状和问题您是怎么看待的？最后，关于中国和美国风景园林发展的未来，您有怎样的预测？

马晓暐：　　　这是一个特别好的问题。我认为中国园林发展到今天，最伟大的经验就是借景，而西方园林的核心手法是造景。借和造，这两个字代表着中西方园林的根本诉求。关于"借"，我认为它实际上有几个层次的含义：第一个层次是视觉上的"借"，我在这个地方设计有一条轴线，轴线上有一个塔，我把这个塔借到了轴线里去，就是一种低层次的"借"。第二个层次是意境上的"借"，"借"的本意是因为个体的有限性，地方是有限的，但想表现的内容是无限的，所以就需要通过"借"来实现和达成设计者的意图，也通过"借"来认识到自己的有限，这是我认为东方园林最伟大的创造。我们前两年做的一个项目，需要在一片广阔的湖水面前做一个大的水体景观。同一时期某著名设计单位也在同一片场地不远处做了一个项目，这个项目非常有创意，在场地里设计了一个巨大的红色飘带，飘了大概几百米长，人可以爬到飘带上去，里边还有什么餐饮、展示类的功能，做得非常好，非常有激情、有创意。但是我做的设计跟它很不一样，我认为它是西式的园林，而我想做一个东方的设计。它是通过造景来创造一种刺激、兴奋的视觉感受，但我想运用中国园林中传统的借景手法来营造一种无限的意境。我做设计的时候，满脑子想的都是这个湖，我在思考游客怎么欣赏这个湖，远近高低会有怎样的视觉效果，所以我全都是以"借"为引导来做这个项目设计。和红飘带的设计相比，我的思考方式和他们完全不同，我认为他们的设计很有激情也很有创意，但是遗漏了对湖本身的观赏效果，所以我的设计是要以湖为背景，再来考虑我能为游客提供哪些游览机会。这是以不同的诉求作为引导的设计方法，也是东西方两种不同的思维模式。

　　　今天我觉得大家还是非常渴望去创造，但是如果忘掉了"借"，那我们永远都追在别人后面。别人跑到这儿，我们跑到这儿，别人跑到那儿，我们跑到那儿。我们如果仔细思考，其实会发现别人也在追着我们曾经创造的东西在跑，我们在某些方面也是领先于别人，并且带领别人前进的领跑者

我特别喜欢MVV的作品，MVV已经开始学会"借"了。当西方人学会了借景的时候我们怎么办？我不认为因为别人学会了借景，我们就返回来往原路走，我们还是应该往前走。当我们往前走的时候，仍然是往那个最美的地方去，因为它是一个循环的圆，我们是向传统的方式回归。但回归是顺时针的回归，绝不是逆时针的回归，我们绝对不能倒退，我们一定要前进，往前走恰恰是回归，这就是一种循环的思维模式的体现。

虽然循环思维很重要，但我们也不能抛弃线性思维，它也有很重要的价值。儒家学说也是一种线性思维的体现，虽然它已经衍生、进化出了一些循环思维的成分。

从以上论述中可以看出，这是线性思维和循环思维融合的时代，也是我们风景园林的发展趋势。

而西方人的话，他们是从个体保障的极端开始走向群体的利益，慢慢发展到今天所处的位置。他们所强调的生态食之乏味，就像是做一款菜明明不好吃，却跟你说卡路里非常低，食材非常有机。你不能因为卡路里是低的，或者食材是有机的就承认它是盘好吃的菜。所以我相信真正的生态是既健康又好吃的，我们都在朝这个方向努力。之前提到的古斯塔夫的园林就是这样的趋势，并且逐渐向精神性园林过渡。我们还需要通过立法来保证这项权利，确保我们能一直朝着这个方向前进。

关于东西方园林我只知道一个大概的发展脉络，但是我希望同学们能在其中了解我们已经拥有并且领先于别人的东西。"借"的本质是什么？以你我为例。如果你跟我相比，我们没有什么本质的差别，但是我如果借杨老师作为我的外援，那你就比不过我了，因为杨老师很强大，能提升我的整体实力。所以借景一个根本出发点还是自我的升华和拔高。例如大公无私、公而忘私，我认为有一些片面，最好是大公利私、公而利私，才能够从一个理性健康的角度来看待公和私的关系。我们的《道德经》也讲，你只有这样做才能够成其私。所以归根结底，你的最终目的还是成就你，成就了每一个人也成就了公。我们是为了我们而存在，但是为了我们能够生活更好，我们要为公共做很多，我们要为社会做很多，我们要为生态做很多。人的本性会为了自己过得更好，这不能否认，所以到最后还是公与私两者关系的协调。

杨　锐：　　在您的思考背景下，包括现在风景园林的整体发展趋势，您认为我们在座的学生作为未来的风景园林师，他们应该需要强化哪些方面的素质？

马晓暐：　　这也是一个非常好的问题。首先，我认为年轻人应该大胆承认自我的存在。其实在座的各位可能刚刚才开始认识到"我"的存在，人生需要一个成长的过程。当一个人还是学生的时候，刚刚谈恋爱的时候，他对社会可能是这么看的；当他成立家庭开始有了孩子的时候，他对社会的看法会发生一个很大的变化；当

他开始是一个有产者然后去供房贷的时候，他的看法仍然会发生变化；当他的父母开始老去，甚至离开人世的时候，他的看法还是在发生变化。所以人的看法就是随着年龄的增长不断演变。我们需要的是在演变的过程中建立起一个自我，认识到人就是这样一个矛盾的个体。

个体跟社会的这样一种状态就是人类社会存在的张力，也是动力，是无法逃避的。所以我希望大家认识到这一点，不以自己的私欲感到羞耻，应该勇敢正视真实的自我。但是我们也需要认识到，如果自己的私欲是脱离社会的，它也是很难实现的，只有跟社会产生良性的互动，我们才能够真正实现自己的愿望。私和公，不是说非此则彼，它们可以达到不矛盾的状态，而我们需要的就是运用某些能力，例如沟通，来实现两者之间的平衡。

我来打个岔，因为我也在研究沟通的问题，最近在写一本书叫《风景设计师的沟通艺术》，目前完成了大概有 8 万字，还没有写完。我认为万物皆沟通，我们所看到、经历和进行的一切都是沟通的。你穿上衣服是沟通的，你穿这件衣服一定是想传达某种信息，否则你不会买那件衣服；装修房子也是沟通的，我们现在所在的这间教室，为什么不像幼儿园，不像动物园，而是学校和课堂的氛围，因为吊顶、墙面的色彩、材料、形式都是沟通的，都在传达场所信息。我们作为人在社会上生存，包括我们设计师，都是在通过形式的语言表达我们的想法、认知和看法。万物皆沟通。

对于风景园林师来讲，最重要的能力是沟通，语言沟通、书面沟通、用一种媒介去沟通，用自己的设计去沟通，这都是沟通的方法。但是沟通的核心是什么？沟通的核心是对等，如果不对等就不叫沟通，那叫被教育。例如我在这儿讲课，那叫不对等，因为我一直在讲，大家没有机会讲，你心里面对我的看法有意见，你也没机会说，这是不对等的。想要做到对等，我们需要在自己的脑海中建立起自己与他人的平等关系，认识到我们虽然是不同的个体、不同的出身、不同的年龄、不同的收入，但我们人格是对等的。我希望大家都能建立平等的人格，培养良好的沟通能力，这对于你们未来的职业和人生发展都有非常重要的意义。

学　生：　马老师，我非常喜欢您的讲座，给了我很大的触动。刚才您提到，我们会花费巨大的时间和金钱去打造一个虚拟的我们。如果未来是一种纯虚拟的状态，那么风景园林可能是要构建一个极致生态的环境，以确保我们能够在这样的环境里生活成我们自己的样子。到了这样的阶段，我们风景园林师是不是只需要搭建一个平台，全民都可以成为风景园林师。因为每一个人喜欢的园林都不相同，每一个人想要的生态都完全不同。这种情况就极度强调了个体的需求，也促进全民成为风景园林师，我想生活在怎样的环境就自己创造怎样的环境。

另一个极端是我们需要极致的真实环境才能生活得更好。因为我们一早醒来，自己都分不清楚哪里是真实，哪里是虚拟，只有真实环境才能保证机体能够正常运作。对于这两种极致的状态，您是如何看待的？

马晓暐： 谢谢你的提问。我认为有一点我一直在强调，人类发展是动态平衡的过程，它绝对不会一直停留在某个地方。东方文明绝不会停在这里，西方文明绝不会停在那里，和谐的状态绝不会静止，必须是一个动态的过程。所以现在很多人形容东方文明就是公大于私，西方文明就是私大于公，这都是片面的看法。它们只是暂时性的位于这一阶段而已，但绝不会永远停留在这里。当我们开始构建虚拟社会的时候，我们对实体社会的看法就会发生转变，二者是相互作用的。就像太极一样，阴发展的时候，阳必然紧跟而上，那么易经的"易"到底是什么意思？我认为易经的"易"不是变化的意思，而是转换的意思，是从某种时空、某种平衡转换到下一个时空、下一个平衡，线性就是转换过程中的一个状态，它可以被认为是一条直线，也可以被当作是下一个循环的开始，新的循环产生下一个线性，新的线性又产生下一个循环。人的繁衍和生长也是这样的过程。你父母生育了你，你的成长可以看作一个线性过程；你再去找配偶，生育自己的子女，又被看作一个生命循环的过程，通过这样的方式，人类的生命得到延续，万物生生不息。

当虚拟社会搭建起来的时候，实体社会一定会随之发生本质性的变化。大家可以想一想咱们现在花费了多少时间和金钱在实体消费，但又有多少是在维持生存方面。你会发现我们用来维持生存的消费比例特别小，也就是恩格尔系数特别低。500年前，可能人类的绝大部分消耗都是在吃喝方面，因为在当时的物质条件下，人类最基本的生存都无法得到保障。但是现在，你会发现吃饭在你的支出里所占比例并不大，甚至微小到不可想象的程度。所以说当虚拟社会构建的时候我们可能突然会发现，维持一个物质社会太浪费了，通过虚拟现实的方式，我们可能更容易达成一种生态和谐。

以上只是我的一个看法，我认为未来世界真是很难预知的，它是属于你们的，我们这一代已经快要赶不上时代的脚步。

学　生： 说到借景，我们是否可以理解为借景就是一种无我的自然观？

马晓暐： 不是，"借景"是天人合一的一种状态。天人合一的核心是天和人的均等，绝对不能是无我的状态，这是我的看法。最美的设计既不是一个到处都是我的标签的状态，在哪里都是最瞩目的存在，而不管周围环境怎么样，这就是有人没天的状态；另一个状态就是有天无人的状态。我认为最美的状态是天人的对话。从设计师的角度来看，我这么设计是因为场地让我这么设计，但是我在尊重场地的同时，也不失去自我。当我借景的时候，我是在用场地的力量来彰显我自己的价值。我为什么改变地貌？我是按自己的意图来重新改造地形，让你在走进我的时候就能感受到我的存在，这就是我的目标，它不会是无我的。也许表面上我会让你感觉到无我，但实际上我却把自己藏在里面。它也许是形象上的无我，而不可能是本质上的无我。当我把设计跟自然合一的时候，我升华、提升、永恒了，我成为永久的存在，那才是我真实的存在。所以我认为借景很伟大，借景实际上是一种升华的过程。

学　生：　　所以是升华自我的感觉。

马晓暐：　　应该是这样，我们中国的文化是有一个"大我"的存在，只有当我们跟自然、跟社会合一的时候，才是我们最美的时候。这是一个很难把控的东西，但是对我而言，却是做设计之中最大的驱动力，特别有意思。

杨　锐：　　最后，我还是要总结风景园林学最根本的使命到底是什么？我觉得这个学科最吸引我的一点，其实是它和善、美都是有关系的。风景园林学是创造具象的善和美的过程，它要求和引导我们在每一个场地，面对不同的使用者和不同的气候环境，面对不同的文化背景，应当如何去做，如何去想，如何去传递这些思想，这也是风景园林学最重要的意义和价值所在。

　　　　　　非常感谢马老师今天的讲座，我觉得非常棒。

马晓暐：　　谢谢大家。

第七讲

国家公园及其影响

主　　讲: 杨　锐
后期整理: 马之野、叶　晶
授课时间: 2016 年 9 月 30 日

杨　锐

　　清华大学建筑学院景观学系联合创始人、系主任、教授、博士生导师，清华大学国家公园研究院院长；中国风景园林学会副理事长兼理论与历史专业委员会主任，教育部高等学校建筑类教学指导委员会副主任兼风景园林教学指导分委员会主任，国家发改委国家公园体制建设评审专家组成员，国家林草局自然保护区专家委员会委员、自然遗产专家委员会委员，住建部风景园林专家委员会委员，中国森林资源评价委员会委员，全国旅游资源规划开发质量评定委员会委员。

　　杨锐教授的研究和教学方向为国家公园和自然保护地、世界遗产保护与管理、风景园林理论与历史、风景园林教育，主持了多项国家自然科学基金项目和国家部委委托课题，是国家社科基金重大项目《中国国家公园建设与发展的理论与实践研究》的首席专家。他的学术专著包括《中国国家公园规划编制指南研究》《国家公园规划》《国家公园与自然保护地研究》，并主编了清华大学风景园林学科发展史料集、学术成果集和教育成果集。他主持了多项世界遗产和自然保护地的规划设计工作，如《泰山风景名胜区总体规划》《黄山风景名胜区总体规划》《九寨沟世界自然遗产地保护规划》等。在国家公园和自然保护地、风景园林教育等方面影响广泛。

第一部分——授课教师主题演讲

杨　锐：　　大家可能都听说过国家公园，什么是国家公园？国家公园和我们风景园林师有什么关系？和我们风景园林师的实务有什么关系？什么是风景园林师？我们这门课叫风景园林师实务，你们在座的很多同学也有多年工作经验，你们告诉我风景园林师做什么工作？

学　生：　　风景园林师就是大地的美化者，简单来讲，我们做的就是环境设计，美化各种尺度的绿地环境。从大尺度，例如国家公园、风景名胜区，再到社区级的，例如城市公园、湿地公园，小到私宅的一个小院，都需要我们设计。

杨　锐：　　你的回答中其实有两个假设，第一，风景园林师是一个美化者，所以国家公园是属于美化的一部分。那怎么美化国家公园？第二，你认为从国家公园到城市公园是一个系列的，那国家公园和城市公园有什么不一样的地方？如果把一个国家公园建成一个城市公园会怎么样？如果把一个城市公园建成一个国家公园又会怎么样？国家公园的功能是什么？城市公园的功能是什么？如果它们的功能不一样的话，我们风景园林师的工作又有哪些不一样的地方呢？这些实际都是我们要思考的问题。传统意义上，我们认为风景园林师的工作就是设计，因为风景园林师最早就是做花园设计、庭院设计、园林设计的从业者，后来我们才逐渐引入了景观规划的概念。

1. 对风景园林师工作的思考——走出"围墙"

杨　锐：　　虽然说规划和设计是我们的看家本领，也是我们最重要的工作。但是除了规划和设计之外，风景园林师还有什么别的工作，或者别的实践任务？或者说如果规划和设计工作不是那么多的情况下，我们还有没有别的工作可以做？如果风景园林师要走到"园林的围墙"之外，我们应该向哪个方向去拓展？这些实际上都是值得我们思考，迫在眉睫的问题。

1）风景园林师工作转化的背景

大家知道我们建筑学院从 20 世纪 90 年代末期开始，本科的招生分数一直都是清华第一。但是这两年已经开始发生了变化。为什么？因为建筑，包括整个城市化的形势，都在发生变化。中国现在的城市化率有多高？ 1978 年的时候中国城市化率有多高？发达国家的城市化率有多高？这些实际上都是我们需要去了解的。

整个人居环境或者城市化的发展，都有它自己的规律。那中国到了这样一个阶段，城市和建筑的任务有没有转化呢？实际上是有转化的。我们从 1978 年一直到前两年的情况，最主要的是解决建筑和城市里面有没有的问题，而现在主要解决的是好不好的问题。

所以在这种转化的情况下，我们可以看到，风景园林师或者风景园林学，它所面对的机遇是不一样的。我们如果还守在规划设计，守在我们的自家后院和"围墙"里面，实际上很容易被这个时代所淘汰。这绝不是危言耸听。我们需要把眼光放的足够长远宽广，把视野开拓出去，你会发现其实我们有很多事情要去做。

2）风景园林工作容易退回到自己的"围墙"里

我们这个学科是奥姆斯特德在 19 世纪 50 年代创建的。当时奥姆斯特德拥有相对宽广的视野，所以参与了美国国家公园的组织建立。由于国家公园的建设比我们传统园林设计所关注的尺度要大很多，如果当时他不给美国国会写信的话，国家公园可能就不会那么顺利的建起来。

你们知道哈佛是在 1900 年建立的风景园林专业，但是哈佛的城市规划专业是什么时候设立的？是在之前还是在之后？

学　生：　　之后。

杨　锐：　　哈佛为什么会在风景园林专业之后设立城市规划专业呢？实际上是因为有一批像老奥姆斯特德这样的景观学系老师。当时哈佛的第一任景观系主任是小奥姆斯特德，也就是老奥姆斯特德的儿子。

然而他在哈佛只做了五年的系主任就离开了，之后的继任者完全转变了老奥姆斯特德和小奥姆斯特德的做法和观点，他们又将风景园林的范畴缩小到传统园林的尺度，回归到所谓的传统美学和美化方面，执行巴黎美术学院那一套教学体系。

1909 年的美国跟现在的中国是相似的，包括城市、工业和文化的发展方面。那时候美国需要解决很多现实问题，但是当时哈佛的风景园林学系已经没有兴趣也没有能力去做了。

因此这个行业实际上非常容易退到自己的一片小天地里头，为了园林而园林。从这个角度来看，中国园林包括唐宋的园林，实际上是文人逃避现实的一种方式。讲的好听叫文人园林，讲的不好听就是一个避世的场所。

所以，风景园林的边界可以很广，我们需要有足够的热情和勇气去走出"园林的围墙"。

2. 风景园林的起步——城市公园与国家公园的建立，解决社会问题

杨　锐：　　实际上风景园林的起步是在 19 世纪中叶时期。一方面，美国在奥姆斯特德的引领下建立起城市公园；另一方面，英国建立起城市公园和国家公园。当时英国社会面临一个很重要的现实问题，就是城市病。工业革命对于城市环境造成了巨大的破坏，用路易斯·芒福德的话来讲，就是焦炭城市。在这种情况下，城市公园为了治理大城市病应运而生。那么国家公园是为了解决什么呢？

当时很多工人在周末需要有休闲游憩的地方，但是英国的很多土地被有钱人占据，成为庄园。我们现在看到的很多非常经典的园林或者庄园，占据了农村的广袤地区。英国圈地运动，实际上一边作为工业用地，另一边是在有钱人圈完之后，成为少数人使用的场所。

英国为什么要推动国家公园运动？因为它需要寻找到一片公共的土地建立公园，为工人们服务。否则就无法解决社会问题和经济问题。

所以，风景园林现象不仅仅是一种美的现象，它背后也有非常深刻的社会、经济和环境原因。

1）风景园林师的工作——参与保护运动

所以，今天这一讲，可能和你们观念中的风景园林师的实务不太一样。因为我们认为风景园林师的实务最主要是怎么做设计，怎么做规划，怎么考虑多方面问题。但实际上，未来很多风景园林师可能是要去做保护，进行政策制定等等，我们可以看到这方面的趋势。

国家公园的缘起——淘金热与保护政策

国家公园的缘起是从什么时候开始的？它是 1832 年，由美国的一个艺术家叫做乔治·卡特琳提出来的。

1832 年的时候，美国是一个什么样的社会状况？美国都有哪些历史事件？19 世纪的上半叶美国主要发生了哪些事情？美国那么多人都去干嘛了？从历史发展来看，美国建国之后也一直是一个农业国家，但是到了 19 世纪的上半叶，美国西部发现了金矿，所以有很多人成群结队、呼朋唤友去西部淘金。

这种淘金会影响什么？当时有一些有识之士，包括乔治·卡特琳（画家，主要是画印第安酋长的画像，对西部很了解），非常担心美国的西部大开发会对印第安的文明和西部的荒野产生致命性的影响。

在这种情况下，她呼吁政府能够建立一个大的公园，通过一些保护政策，为了美国的国民，为全世界和子孙后代去保护这些资源和遗产。一个国家公园，包括人和动植物，所有一切都能够在自然之美中，处于原始和鲜活的状态。

由此可见，国家公园里实际上并不需要做太多的美化的工作，因为美化的工作只会使国家公园变成城市公园，或者园林化、人工化。

那么国家公园里要做哪些工作？保护原始美和荒野美，这是最核心的工作。但是怎么去保护？关于这些，我们就有很多的研究了。

国家公园与可持续发展

我们可以看到，1832 年国家公园概念提出，1872 年全世界第一个国家公园——黄石国家公园建立。

让我们从一个更广的视角来看待国家公园的建立。联合国将可持续发展作为一个全球战略是在什么时候？ 1972 年。为什么在 1972 年提出了可持续发展战略？这一概念和国家公园又有怎样的关系？要回答这个问题，就需要讨论可持续发展都包括哪些内容。我们现在每天都在讲可持续发展，每个国家、所有行业都在讲可持续发展。什么叫做可持续发展？它的定义是什么？可持续发展的关键词是什么？"代际公平"，是指不仅关注我们这一代人的利益，而且要考虑子孙后代发展的需求。这就是可持续发展。

所以国家公园运动从美国发展到世界上的 193 个国家和地区，从单一概念发展成为自然保护体系、世界遗产、人与生物圈保护区等自然保护领域的多元化概念，而且已经超越生态保护的范畴，走向了整个人类文明的领域。

2) 国家公园需要完成对生态系统、生态过程和生物多样性的保护

现在，国家公园概念已经从一个类似于英国的公民风景权益和生态保护机构，扩展成为对于生态系统、生态过程和生物多样性的保护。

在座的同学对生态也都很熟悉，什么是生态？什么是生态系统？什么是生态过程？什么是生物多样性？它们的保护有什么不同？我们经常一讲生态，就是生态保护，你们在一个规划设计里到底怎么考虑生态问题？考虑哪些生态问题？生态分成哪些尺度？有哪些层次？

用科学的语言来表述的话，生态的尺度是生态系统，包括群落、物种和基因。

但是生态系统、生态过程以及生物多样性的保护是不一样的。国家公园概念中最重要的是对于一个或者多个生态系统的完整保护，要完成对生态系统、生态过程和生物多样性的整体保护。

我们讲到生态系统，大家能举例说明一下都有哪些生态系统，或者完整的生态系统会有哪些组成？

学　生：　高山生态系统。

杨　锐：　还有什么？

学　生：　海洋生态系统。

杨　锐：　海洋，还有什么？

学　生：　沙漠。

杨　锐：　实际上沙漠也是非常重要的生态系统。联合国世界遗产中心也在呼吁建立更多的沙漠保护区。为什么？为什么要建立沙漠保护区？甚至现在有一些专家也在提议要把黄土高原保护起来，为什么？黄土高原有什么保护的价值？我作为一个陕西人，原来真是不理解，为什么要保护黄土高原，而且黄土高原本身就有非常大的风沙，保护它的重要性到底是什么？为什么要保护沙漠？

学　生：　为了保护骆驼。

杨　锐：　所以说明我们对生态的认识，可能仅仅是非常肤浅的认识。生态的一些最基本的概念和原理，你们都没有了解，这是大家需要补充的一个方向。

3. 风景园林宽阔的学科——保护性和利用性用地

杨　锐：　如果把陆地分成保护性的和利用性的，你们知道现在保护性陆地面积有多大呢？根据 IUCN（世界自然保护联盟）的统计，全球一共有 15.4% 的土地是保护地面积，全球的城市面积有多大？占到陆地面积的百分之多少？全球所有城市，

或者说人类聚居地及聚居点，也就是所有人居环境面积，能占到多少？有人类居住的，不管是城市还是乡镇、农村，整个人类居住面积怎么计算？

学　生：　城镇和乡村分开。

杨　锐：　人均城市用地，或者人居城市用地，是不是有一个固定数？现在北京人均用地面积是多少？人居用地面积是多少？

学　生：　根据居住用地，还有总体的建设用地。

杨　锐：　总体是多少？

学　生：　北京好像是 95 ～ 115m² 之间。

杨　锐：　那我们就取一个整 100m²，北京如果是 100m² 的话，总城市建设用地是多少？

学　生：　北京市的人口流动比较大，这个数据比较难统计。

杨　锐：　这其实是根据常住人口计算的，北京常住人口是多少？

学　生：　2400 万。

杨　锐：　2400 万再乘上 100m²，北京的城市建设用地是多少？我并没有让你们计算一个具体的数值，只是一个匡算，因为匡算对于很多的规划是非常有用的。如果人均用地是 100m² 的话，地球上是有多少人口？我们还是取整，比如算 70 亿，70 亿乘上 100m² 的话，是多大的用地面积？这么多的面积，你再除以地球陆地面积，是不是就可以计算人类居住用地占地球陆地面积的百分比？对不对？所有这些都要想办法去算，而且通过很简单的方式就可以计算出来。实际上自然保护地的面积是远远大于人类居住的土地面积的。

目前最大的陆地自然保护地是丹麦的东北格陵兰国家公园，它的面积大概是 97 万 km²，97 万 km² 是中国的几分之几？1/10 对吧？所以咱们中国虽然说地大，但是咱们并没有这么大的自然保护地。咱们中国最大的保护地是哪一个？在哪个省？

学　生：　西藏。

杨　锐：　不是，是在省，不是自治区。中国最大的自然保护地实际上是在青海省，三江源自然保护区。三江源自然保护区有好几个数据，从十几万到三十多万平方公里，但是也比陆地要小很多。世界上最大的海洋保护地，是法国的珊瑚海自然公园①，面积是 130 万 km²。

我们可以有一个基本概念，我们传统的园林，例如城市公园、庭院或者城市绿地等类型，可以占全球陆地面积的百分之多少？这个能统计出来。

你们可以看到，整个风景园林的天地是非常广阔的，仅仅在城市里面我们就有很多的工作去做，更不用说在国家公园、荒野里，我们还有更多的工作要做。

如果说两端，一端是在保护地，一端是城市，那中间这段是什么？是乡村，乡村是非常重要的部分。

整个风景园林学，它是一个宽阔的学科，有人类的地方，没人类的地方，风景园林都有很多工作要去做。传统的风景园林学只强调园林和城市的关系，和庭院的关系，这是远远不够的。

4. 国家公园的定义和目的——代际保护和民族自豪感

杨　锐：　那到底什么是国家公园呢？国家公园的概念最早出现在美国黄石国家公园。随着国家公园的概念从美国一个国家扩展到 193 个国家，对于国家公园的定义也产生了很多争论。其中存在两个争论方，一个是美国及非洲为代表的甲方，另一个则是欧洲和亚洲为代表的乙方。它们争论什么？美国、非洲以及亚洲、欧洲，这两方有什么本质不同的地方？

　　　　　　所有的争论都是有立场的，而这种立场和它们的特征有关系。美国和非洲有什么样特征？亚洲和欧洲有什么样的特征？

　　　　　　美国和非洲拥有广袤的土地，人口密度低，人类在土地上活动的强度比较低。而亚洲和欧洲人口密度非常高，人类活动强度也非常高。所以在亚洲和欧洲基本上找不到太多的原始和荒野地区。

　　　　　　我们在座的同学里有没有喜欢荒野概念的？我们原来认为，中国喜欢野但不喜欢荒。但欧洲现在存在一个新的运动，叫做再荒野化。如果用原始林来代表荒野的话，那么再荒野就是次生林。次生林是什么？是天然林，它并不是人工种植的森林。

　　　　　　世界各国讨论了很长时间，直到 1969 年才形成了大家现在公认的，国家公园的统一定义。国家公园是指大面积的自然或近自然的区域。按美国人和非洲人的说法，它们的国家公园根本就不存在近自然的区域，大面积的自然地域足够阐述它们的国家公园概念。但后来由于考虑到欧洲和亚洲的情况，于是增加了一个近自然的区域。国家公园的目的是为了保护大尺度的生态过程，以及这一区域物种和生态系统的特征，同时提供与环境及文化相融的、精神的、科学的、教育的、休闲的机会。这个定义就是现在世界上形成的关于国家公园的共识。

　　　　　　什么叫大面积？就是面积要足够大。为什么面积要足够大？足够大的标准是什么？人家是 97 万 km^2，我们也得 97 万 km^2 吗？根据这个定义你们去找，应该大到什么样的程度？

学　生：　完整的生态系统。

杨　锐：　对，因为国家公园主要是对生态系统的保护，我们需要在一个大面积的自然或者近自然的区域内，完整体现一个生态系统的全部特征。

　　　　　　那生态过程和生态系统有什么不同呢？什么是生态过程呢？

学　生：　演替的过程。

杨　锐：　举个例子，什么叫演替的过程？

学　生：　比如群落演变成森林，就是一个逐步的演替过程。

杨　锐：　这是森林的垂直演替，还有什么？

学　生：　种群迁徙。

杨　锐：　比如说？

学　生：　候鸟迁徙。

杨　锐：　　　还有什么？还有可能你们看了会非常激动的——藏羚羊的迁徙。如果去可可西里你们会看到整个藏羚羊的迁徙过程，这就是一个生态过程的体现。

　　　现在对于国家公园的标准定义，我们可以看到虽然有很多的讨论，但最后大家达成的共识都是一样的。

　　　第一，国家公园的目的，其实是代际保护，为什么要保护呢？是希望我们这一代人能够看到的和享受到的生态系统服务，到了子孙后代，仍然能够得到延续；第二，需要考虑国家和民族自豪感的问题。

　　　你们知道美国人最自豪的就是他们的国家公园，因为它能够代表美国人的最佳思想，也能代表美国文化。原来欧洲人看不起美国人，认为美国人没文化，我们中国人也有很多认为美国人没文化。但实际上美国有它自己的文化，而且和国家公园有很大关系，国家公园是树立民族自信心的重要组成部分。在美国国家公园的发展史上，有一部分人把他们的国家公园当作教堂去看待。因为他们认为欧洲人建的是教堂，而他们自己建的是国家公园，他们要在国家公园里完成精神的洗涤，将国家公园的意义上升到精神层面的高度。

　　　但是我们中国人把国家公园当什么？我们祖先留给我们黄山和泰山，我们把它们当旅游景区。我们还可以去看一看日本人怎么对待它们的自然和文化遗产，可以发现，我们的保护确实存在很严重的问题。

5. 国家公园的性质——保护与全民公益性

杨　锐：　　　国家公园的性质是共通的，它具有全民公益性，也就是说国家公园不是一部分人的，不是一代人的，不是一个部门的，更不是一个地区的。它是全部中国人的国家公园。这一点非常重要。

　　　那国家公园和城市公园有什么不一样，城市公园的主要功能是什么，国家公园的主要功能是什么？城市公园的主要功能是为了满足市民游憩的需求，但是国家公园的首要功能不是游憩，而是保护，是对生态系统保护，或者在我们国家可以叫风景遗产的完整保护。同时，它还有一些其他功能，包括精神象征、科学研究、教育或者是提供休闲游憩的机会。但这种休闲游憩机会是作为全民福利，而不是单纯的旅游产业的休闲游憩机会。

　　　为什么讲这句话？你们知道现在进泰山花多少钱？前两天我带着几个同学去避暑山庄，避暑山庄不是国家公园，但是它属于世界文化遗产，进避暑山庄和外八庙现在总共需要 300 多元钱。你们知道一个美国的国家公园，例如黄石国家公园，门票是多少钱吗？门票是 7 美金，而且还是一车人，车辆包含在内。

　　　综上可知，中国现在并没有真正意义上的国家公园，所以中国需要建设国家公园。

　　　1）美国 CCC 公民保护团的创建与国家公园的建设

　　　我们以美国为例。1930 年代，美国面临严重的经济危机，被认为是资本主义国家最严重的一次，历史上称作大萧条时代。那时美国人里有 25% 的人是失业的。那么有多少的土地是过度耕种呢？有大约 20 万 km² 以上的土地是受损的。当时的美国总统罗斯福，特别喜欢自然保护。最初，他喜欢骑马狩猎，后来他在国家公园里坚决要求禁猎。从一个狂热的狩猎者，到成为一个国家公园的拥护者，国家公园里面有很多政治因素。

你们听说过约翰·缪尔吗？他是在自然保护运动中一个非常重要的人物。约翰·缪尔当时请罗斯福总统去约塞米蒂公园游赏，他想要建立国家公园局。游赏之后，罗斯福总统拉着约翰·缪尔，甩开了他的随行人员，跑到一棵大树底下，以星空为背景讨论美国国家公园保护的问题。这场讨论非常成功，老罗斯福总统把美国很多非国家公园的用地划归到国家公园局作为国家公园的用地。

在我们的实际工作里，光有规划设计是不行的，你需要各种能力，各种沟通手段。就像第一讲里，马老师也讲到跟各种人和事情沟通。但我们是为了共同的目的去沟通，是为了创造一个更美好和善良的环境。

我们可以看到，在大萧条时期，罗斯福总统面临着三个问题：第一，如何解决年轻人严峻的就业问题，大家知道当总统，或者当主席最担心的是什么？最担心的其实是年轻人的就业问题。因为年轻人没有工作，社会就会不稳定。不论社会主义国家，还是资本主义国家，其实很多社会问题是类似的。美国在经济大萧条时代，25% 的失业率造成很严重的社会问题。

所以，老罗斯福总统就有一个创造，类似于知识青年上山下乡的手段，成立一个叫 CCC 的公民保护团，雇佣 18 ～ 25 岁的青年，每个团体有 150 ～ 200 人。他对 CCC 的成员采取准军事管理，让他们保护和修复自然环境，包括国家公园、森林公园等。从 1933 ～ 1942 年，持续将近十年之久，解决了 361.2 万人的就业问题。他给这些 CCC 的成员每个月发放 25 美金，其中 15 美金寄给他们的家人，10 美金留给自己消费。不仅解决了就业问题，而且解决了家庭的生计问题。所以大家可以看到我们风景园林的发展现状，真不仅仅是美化运动，它有更深刻的社会经济背景。CCC 当时拥有两千多个营地，均匀分布在美国国土的各个领域。

2）美国国家公园内的建设与自然环境完全契合

我们可以看到罗斯福总统通过成立 CCC 团体，雇用了 300 多万的年轻人，不仅解决了他们的就业问题，也解决了很多家庭的生计问题。大家知道如果我们要去保护国家公园，或者在国家公园里进行一些基础设施建设，我们需要去雇佣风景园林师、建筑师、工程师、艺术家或者教育家。根据相关方面数据统计，美国的国家公园运动，解决了美国总失业人口约 47% 的就业问题。其中包括基础建设——桥梁、污水处理系统、学校、访客中心等。这些建造完全是设计、施工一体化进行。比如露天剧场，你可以看到它的整体设计和建造水准，是和自然环境完全契合的，就像是镶嵌在山体里一样。

我现在很反对在国家公园，或者所谓的景区里面做室外剧场建造，基本上完全不考虑环境。

在美国的不同国家公园里建的露天剧场，有很多是真正的艺术品，是真正的遗产。没有达到这种程度的，我们只能把它叫做景观的垃圾，或者精神方面的垃圾。

除了建设"面状的"国家公园之外，美国也建设了公园道，又叫做风景道。比如华盛顿到整个纽约就建立了风景道。我们可以看到美国人在建风景道的时候，是有很多风景园林师参与其中的。

设计师在现场选址定线，有时候为了保留一棵树，或者避开某个村庄，他需要改变整个道路的选线。他们所设计的内容包括人的视线，风景道和森林之间的关系，风景道所呈现的面貌等等。你说这样的公路煞风景吗？公路未必煞风景，基础设施也未必煞风景，煞风景的其实是设计师。如果没有水平、没有远见的话，任何基础设施，任何公路都不可能建设得非常美好。

以上就是我们对于国家公园基础背景的介绍。

6. 国家公园与自然保护地

杨　锐：　我们再来看中国的自然保护地，国家公园是自然保护地的一个类型，但不是唯一的类型。除了国家公园之外，自然保护地里还有其他什么类型呢？大家听说过的自然保护地类型还有哪些？自然保护区、森林公园，还有？

学　生：　地质公园。

杨　锐：　是，还有许多类型。我们对自然保护地有怎样的定义呢？IUCN 的定义是：以长期自然保育和生态系统服务为目标，通过立法或者其他有效途径，识别和管理有明确边界的地域空间。IUCN 的中文译名是世界自然保护联盟，它是世界自然保护机构里面最权威的一个。

这里面为什么说到保育？保育对应的英文是什么？保护对应的英文又是什么？文化遗产保护的英文是什么？ Conservation。除了 Conservation 还有什么？ Preservation。 Preservation 和 Conservation 区别是什么？

Preservation 的保护程度更严格一些，Conservation 在台湾地区被翻译成保育。保育这个词我们不经常用，内陆常用的都是保护，不管是 preservation、conservation、还是 protection，都用的是保护，但是大家要注意，这三个词虽然对应的是一个中文词，但是它使用的场合、意义或者程度都是不一样的。

1）中国自然保护地类型及发展

中国的自然保护地，至少有 10 种类型：自然保护区、风景名胜区、森林公园、世界遗产、地质公园、水利风景区、湿地公园、城市湿地公园、海洋特别保护区和海洋公园。它们的发展经历了不同阶段：

第一个阶段经历了大约 22 年的时间，我们可以把它叫做缓慢发展期，它开始于 1956 年。1956 年中国建立了第一个自然保护区，这个自然保护区在什么地方？你们觉得在东部还是在西部还是在中部？在哪个地方？

学　生：　西部。

杨　锐：　　　在西部吗？

学　生：　　　东部。

杨　锐：　　　为什么在东部？

学　生：　　　那个时候东部建设比较多，还没有西部大开发之类的。

杨　锐：　　　第一个自然保护区是在广东，叫鼎湖山自然保护区。为什么会在广东？因为
　　　　　　　自然保护区是人建立起来的，而人是跟文化有关的。越成熟的文化，会越强调对
　　　　　　　自然的保护。

　　　　　　　所以，在这种情况下，我们可以看到从 1956 ～ 1978 年，全国一共只有 34
　　　　　　　处自然保护地，占到国土面积的 0.13%，平均每年设立的自然保护地只有 1.6 处，
　　　　　　　类型只有一种，就是自然保护区。

　　　　　　　第二个阶段是高速发展期，是从 1979 ～ 2013 年，这一阶段，自然保护地的
　　　　　　　数量达到了 7403 处，增长了 218 倍，占到国土面积的 17%，而全球的自然保护
　　　　　　　地才占到陆地面积 15.4%。

　　　　　　　现在中国的自然保护地虽然已经占到国土面积的 17% ～ 18%，但是很多国
　　　　　　　内外科学家认为，中国的自然保护地从数据上看规模很大，但其实并没有进行有
　　　　　　　效管理，这是一个很大的问题。

　　　　　　　现在中国平均每年命名的自然保护地是 309 处，增长速度提升了 193 倍，可
　　　　　　　以看出中国的自然保护地，至少从数量方面来看，都呈现出一个快速发展的状
　　　　　　　态。而这个阶段开始于 1979 年，也就是改革开放开始的时期。由此可见，中国
　　　　　　　自然保护地的发展，和社会经济的发展存在密切的关系。

　　　　　　　2）中国自然保护地存在的问题

　　　　　　　我们的自然保护地当前存在的最主要问题是，虽然我们在数量上已经超过了
　　　　　　　世界的平均水平，但是我们在质量上还有很大的差距。关键问题就是系统性和整
　　　　　　　体性的缺失。

　　　　　　　从体系角度来看，目前我国的自然保护地处在一种不成体系，协同度低，内
　　　　　　　耗和低效的状态。此外，各个保护地管理部门之间竞相圈地，一地多名、多头管
　　　　　　　理。大家如果现在去任何一个著名景点，都会注意到它有很多的头衔，既叫风景
　　　　　　　名胜区，也叫自然保护区；既叫森林公园，也叫地质公园、国家湿地公园。景点
　　　　　　　越著名，它的名称越多，有的甚至有 7、8 个名称。大家都知道，不同的自然保
　　　　　　　护地由不同的部门进行管理，但每一个管理部门都想拥有景点的主导权，所以那
　　　　　　　些重叠交叉的部分就会面对多头管理的问题，不知道该听哪个部门的指挥。

　　　　　　　我们可以总结，中国的自然保护地体系还处在一个数量多、质量低、有个体
　　　　　　　但没有整体的状态。

　　　　　　　3）世界上的自然保护地体系及管理

　　　　　　　我们来看一下世界上发达国家的自然保护地体系，学习三个最主要国家的经
　　　　　　　验，分别是美国、加拿大和新西兰。

　　　　　　　美国是世界上第一个建立国家公园和保护地体系的，但是美国的国家公园和

保护地体系并不是由一个部门来管的。国家公园系统是由内政部国家公园局来管，一共有21类，国家公园是其中最重要的一类。美国现在一共有多少个国家公园？是几个、几十个，几百个还是几千个？

学　生：　　几百个。

杨　锐：　　美国现在只有59个国家公园，刚才讲的国家公园都是大面积的，美国人认为国家公园是他们王冠上面的明珠，是他们最美丽也最宝贵的土地。这59个国家公园统一由国家公园局来进行管理。那么大家知道，国家公园局除了国家公园以外还管理其他哪些保护地类型吗？

所以在美国有一个很重要的概念你们要分清楚，一个叫 National Park、一个叫做 National Park System Units。这两个有区别吗？这两个区别非常大，只有 National Park 才是狭义的国家公园，才符合我们刚才说的国家公园概念。而 National Park System Units 是指国家公园体系中的21类保护地，比如刚才讲的风景道，还有国家历史公园、国家军事公园等。此外，美国还有一个国家森林系统，叫 National Forest，我们也有国家森林公园，但和他们的概念不太一样。历史上有很长一段时间，美国的林业局局长非常反对建设国家公园，他认为 National Forest 已经起到了国家公园的作用，不用再建立一种新的自然保护地类型。后来由于奥姆斯特德向罗斯福总统写了一封信，认为 National Forest 不是国家公园，国家公园也未必就是 National Forest。罗斯福总统认可这一个观点，才最终建立起美国的国家公园。

所以，国家森林和国家公园有什么不一样呢？国家公园里基本上都是原始林，或者是一些高质量的天然林，但是在国家森林里有很多人工林。国家公园的价值不仅仅是在自然系统之中，在精神和文化层面，它都会远远高于国家森林的价值。

此外，美国还有国家的景观保护系统、鱼类和野生动物的保护系统、海洋与大气保护系统，这些系统都分布在美国的不同管理局之中。所以有很多专家就说，美国的保护地系统分散在不同局的不同部门里进行管理，中国也可以。但我一直提倡和呼吁的是，中国所有自然保护地都应该放在一个部门进行管理。

美国能把各个保护地系统放在多个部门里面管理，是因为它有清晰的法律框架，哪个部门管什么，哪个部门不管什么，都规定的非常明确。但我们国家的自然保护地法律却往往是重重相叠、千姿百态、互相纠缠的一种状态。美国国家公园、森林公园的边界是不重叠的，但我们的自然保护地系统却常常是多重叠加。如果我们中国也可以做到边界不重叠，并且在法律中明确规定各部门权责，那我们也完全可以采取美国的方式。

但是我们现在没有条件按照美国的模式来管理，我们只能采取新西兰的方式。新西兰是把所有的保护地都放在保护部（DOC）里来进行管理。

加拿大和美国的情况类似。加拿大很多是向美国学习的，但是加拿大也有和美国不太一样的地方。美国整个国家公园和国家公园系统是自下而上长出来的，而加拿大是先经过设计，然后划地，是一个自上而下的过程。

我们可以简单地看一下美国自然保护地体系和国家公园系统，它的功能定位是保护风景自然和文化的载体，以及动植物资源。现如今，美国的国家公园占到整个保护地面积的 13%，由国家公园局管；国家森林系统占到了 28%，由国家森林局管；国家的景观保护系统占到 36%，由土地部门进行管理；鱼类和野生动物保护地占 23%，由鱼类和野生动物保护局进行管理。

国际上每十年都会召开一次世界国家公园大会，前年开过一次会。有很多专家提出讨论地球上自然保护地的应有面积。现在是 15.4%。

根据自己的认识、判断和经验，你们认为地球上的多少面积应该作为保护地进行保护呢？大概有多少面积应该进行保护？海洋的面积有多少应该进行保护？你认为是多于 50% 还是少于 50%？有一些科学家现在提出陆地面积的 50% 应该作为自然保护地，但是很多政治家反对，所以后来没有写到文件里。

现在已经写入国际文件的海洋保护面积是 30%，那么，实际被保护的海洋面积是多少？3.4%，我们国家被保护海洋面积是多少？为什么要保护海洋？你们有没有到海洋底下体验过？我已经去过了，太美了，但是又太让人心痛了。原来就觉得陆地破坏已经够厉害了，但海洋破坏的情况比陆地还厉害。但是海洋的美丽，丝毫不亚于陆地，甚至在很多方面超过了陆地的美。

由此可见，我们的保护任务是非常重的。而且我相信我们每个人心里头都有一块和自然的关联，当你们真正发现自然魅力的时候，你真是会觉得保护自然是自己特别愿意做的一件事情。虽然我本科接受了建筑师的训练，但是你现在要问我真正最大的兴趣，我有两个，第一个确实是教书，我还是很喜欢教书；第二个兴趣就是和自然的连接，不管是职业的连接，或者是个体的连接。

美国的自然保护地体系，曾经有过两次改革，1872 年，美国建立国家公园，1916 年，美国国家公园局成立。当时的局长是一个玻璃商人，成为百万富翁之后，认为自己应该去做点更有意义的事情。当时美国国家公园正经历着从 1872 ～ 1916 年的混乱时期，所以他认为应该推动建立一个统一的管理部门进行管理。但这是一个非常艰难的过程，于是他就花了很多钱去游说，去做工作，直到 1916 年，才最终推动建立了国家公园管理局。大家知道作为局长的他年薪是多少吗？年薪是 1 美元。而且当时在美国国家公园局成立的晚宴上，按照传统他应该主持这个晚宴，但事实上却是他的助手代替他主持了晚宴，他到哪儿去了？他在听到国家公园局宣告建立的时候就倒下了，因为这件事情太过艰难，导致他得了抑郁症。后来你知道他又是怎么好的？他跑到国家公园里待了好几个月，接受大自然的疗愈。我听到这个故事觉得非常神奇，他为了国家公园管理局的建立呕心沥血，最后又在国家公园里康复。

你们知道美国黄石国家公园的第一任园长以前从事什么职业吗？他是一个律师。当时美国的法律规定，只要你去了某一块地方，而且在你之前没有别的人宣布发现那个地方，你就可以宣告那个地方是属于你自己的。当时那个律师带了那一队人马准备去美国西部圈地。但当他们到了黄石之后，看到那么美的景色，于是在考察的最后一天晚上，在黄石河篝火晚会上发生了很激烈的讨论，大多数人认为我们应该把这个地方宣布成为我们的私有土地，但是包括这个律师在内的另外一个人，他们认为不能这样做，黄石应该是属于全体美国人的土地。就像美国的宇航员一样，即使是第一次登月，也不能宣布月球是属于美国的。

这位律师在 1869 年率领团队发现了黄石，1872 年推动建立了黄石国家公园，成为黄石国家公园的第一任园长，他的年薪也是象征性的 1 美金。

以上叙述的这两位其实都没有自然保护的专业背景，第一位甚至连高水平的教育都没有接受过，但是他们做了很多贡献。

我们再看新西兰，新西兰的保护性用地占到国土面积的三分之一，保护部作为国家公园的管理部门，位列于内阁之下。由此可见，新西兰在自然保护方面，其实是以上三个国家中级别最高的。

在座的各位有没有去过新西兰？新西兰是一定要去的国家。如果你们对文化感兴趣，一定要去的一个国家其实是柬埔寨。我们经常说自己是文化大国对不对？但是我们的文化遗产中，真正遗存下来有实质性价值的部分其实并不多。宋代及宋代以前的很多建筑，我们只保留了部分遗存，几乎找不到大片的古建群落；成片成群或者成规模的遗产能追溯到明代已经是非常有价值的发现了。但是，在柬埔寨，你可能会发现一千多年前，和宋代差不多时期，成规模出现的文化遗存，而且分布密度很高。

再来回到新西兰，它的自然遗产真是太漂亮了。新西兰的南岛我觉得就像是一个大的自然保护地，或者说国家公园，它经历了两次保护方面的改革（1987年和 1990 年）。

我们再来简单看一下加拿大的自然保护地系统，它的机构重组是一个普遍现象，也是解决问题的一个有效手段。

所以我们可以看到，国家公园管理是有两种模式的，第一种模式是在高质量的立法下，由多部门分工合作。第二种模式就是以一个行政主体进行管理，例如新西兰保护部统筹管理，在法律框架下的行政管理。

两种方式哪一个更好呢？其实没有好和不好，只有哪一个更适用。对于中国来说，我们现在还没有高质量的立法，也不存在多部门分工合作的条件，所以我认为，中国自然保护地体系现在只能采用一种方法，就是由一个部门统筹管理。

7. 中国自然保护地体系下国家公园试点问题

杨　锐：　　我们可以看到，现在中国已经有好几个国家公园体制试点区了，但是试点区未必就是将来的国家公园。

我们现在建立国家公园，不仅仅是一个想法而已，我们还面对很多实际工作，包括顶层设计、东西中部统一标准、试点区管理、土地制度改革、社区问题创新等等。我们应该如何避免国家公园被旅游绑架？如何处理国家公园和各个部门的关系？如何缓解部门内部的矛盾？如何处理上下级政府的关系？如何让国家公园变成环境教育的一部分等等，这些都是我们要去思考的。

最后是政策性的内容，我就不跟大家展开来讲。如果你们感兴趣，回头可以来找我聊，因为这个方面可能是部分同学的兴趣点，而不是面向大众的课题。

第二部分——互动交流环节

学　生：　我想知道如何界定什么应该被保护？我们经常会说我们的政策，我们的目标，我们的手段，那我们如何界定什么该被保护？

杨　锐：　这是一个非常好的问题，也是我们中国自然保护地体系中存在的一个问题。现阶段我们的保护不是建立在自上而下的科学研究的基础上，而是由地方进行申报，认为哪一块他们应该进行保护，他们就报上来了。

现在全国并没有确切的研究，我们的生态系统有哪些服务价值，这些价值在国际上有怎样的地位。

最近有一个国家科技攻关的项目叫"国家公园与自然保护地的一体化建设"，我昨天也去跟北京林业大学自然保护区学院的老师进行了讨论。整个项目就是关于自然保护地体系的确立，以及如何进行空间划分。哪些应该是国家公园，哪些是自然保护区，它们的边界到底应该怎么划；国家公园应该保护什么，自然保护区应该保护什么？这也是非常重要的讨论。

从国家整体层面来讲，或者从单个的保护区来讲，首先要进行的第一步应该是价值的评估和分析，也就是价值识别。这一片地区到底有什么样的价值，它的真实性和完整性是怎样的情况。

只有通过价值的评估和完整性、真实性的分析，我们才能确定保护的内容和边界，确定保护措施的强度。

学　生：　我们作为风景园林师在整个国家公园建设中将承担哪些工作？

杨　锐：　这也是很好的问题。

第一，美国的国家公园建立，是由于风景园林师的推动，或者说风景园林师作为一部分力量去推动。

第二，美国现在进行的国家公园规划和管理中，有很大一部分是由风景园林师完成。

第三，你们如果去美国国家公园，会发现有一些拿着枪的，但是又很文质彬彬的工作人员，你们知道他们是什么人吗？他们是美国国家公园的园警，其中有很多人都是有生态学、生物学、或者风景园林学背景。他们穿着制服，拿着枪，可以执法，也可以做环境保护和解说教育相关的工作。

所以，风景园林从业者在国家公园里，可以发挥很大的作用。为什么？因为我们这个专业很重要的一点就是统筹。有很多落地的东西，这个专业是可以去做的。需要强调的一点就是我们要转变思想观念，拓宽视野，加强整个知识面的深度和广度。

大家知道我们一般开国际会议就几百人，但9月份在夏威夷开了一次 IUCN 的世界保护大会，每四年一次，大家知道那次参会的人员有多少吗？11000人，你们认为参加会议的男士多还是女士多？

学　生：　女士多。

杨　锐：　对，女士多，我认为在风景园林和自然保护里面都可以看到女性的强大力量，当然，男性也欢迎。

好，我今天就讲到这儿，谢谢大家！

---

① 本讲授课时（2016年）全球最大的海洋类自然保护地是 Natural Park of the Coral Sea，面积为130万平方公里，于2014年设立。根据 IUCN 全球自然保护地数据库（WDPA），目前最大的海洋类自然保护地是 Cook Islands Marine Park，面积为190万平方公里，于2017年设立。

第八讲

职业风景园林师的实践范围

主　　讲：安友丰
对　　话：杨　锐、安友丰
后期整理：叶　晶、马之野
授课时间：2016 年 10 月 9 日

安友丰

北京林业大学园林学院客座教授，北京清华同衡规划设计研究院顾问。

安友丰先生拥有多年实践经验，主要从事园林工程建设、园林企业管理和设计教学等工作。主要实践项目包括北京朝阳体育馆绿化工程、北京元大都城垣遗址公园、北京安贞里居住区、北京朝阳公园、北京中华民族园、沈阳夏宫、秦皇岛野生动物园、北京和邦园艺花卉生产基地、新疆昌吉屯河农业育种基地、深圳"明斯克航母世界"主题公园、北京房山青龙湖镇景观提升、北京奥林匹克森林公园、北京龙湖滟澜山居住区、长春国信美邑居住区、山东沂南诸葛亮文化广场、唐山南湖风景名胜区、唐山丰南运河唐人街、四川汶川三江乡震后援建、重庆"印象武隆"实景演出场地设计、云南抚仙湖北岸保护规划、赤峰市区景观系统规划、广东陆河县螺溪镇乡村改造规划、海口"三园合一"景观提升、赤峰市九街三市历史街区规划等。

第一部分——授课教师主题演讲

杨　锐：　　　我很欣赏安老师的是，虽然安老师在工程、结构材料方面非常有经验，但是他又不把自己局限在工程领域里面。他有很多对于文化，对于风景园林专业的思考，对于我们能够做什么的思考。所以安老师给我的印象非常深，我也很愿意请安老师来跟我们分享一下他在几十年实践当中的一些思考，一些想法，也欢迎大家和安老师进行互动交流。

　　　　　　下面，让我们用热烈的掌声欢迎安老师。

安友丰：　　同学们好。

　　　　　　今天应杨老师的要求，我在咱们风景园林师实务课程中讲一下有关职业风景园林师的实践范围。我记得去年是替陈圣弘老师授课，由于没什么准备，只能讲述了一下我的个人成长经历。后来我跟杨老师说，从我出生开始讲到现在，就是一个流水账。今年稍微有些思想准备，但是总的来说，由于我是实践经历多过理论研究的一个人，至今大概做过将近 300 项工程，所以对于理论知识的提炼能力相对比较差。今天我不会像其他老师一样，很有逻辑性的给大家列出我们园林的实践范围。但是我会给大家另外一个视角，就是和大家分享一些我在工程中或者项目中的小故事，以此为大家提供看待风景园林学科研究的新视角，以及当你们在未来从业中遇到的一些问题，应该如何解决。

一、风景园林学——实践和理论合二为一

　　　　　　杨锐老师曾经说过，风景园林学是由实践和理论两部分混合成的，它是合二为一的"化学现象"。如果我没记错的话应该是 2013 年 10 月，您在"明日的风景园林"大会上说了这句话。"化学现象"我觉得很有意思，原来我说理论结合实践，听起来好像实践和理论还是独立的两块，二者之间仍然是一个硬性的衔接，有一部分人去搞实践，有一部分人去搞总结。总结经验的人把总结的东西教授给学生，然后学生再去搞实践，这仍然是一种割裂的状态。但是如果说"化学现象"的话，就能够把它们综合在一起，让它们发生一个化学变化。我前两天特意去翻了一下曾经报道过的一篇文章，确实是这样说的。

　　　　　　我们为什么要把我们所从事的工作划分出如此分明的界限呢？我小时候比较能折腾，不太希望自己局限于某种状态。比如说我学了设计，我为什么只把我的设计用笔、用鼠标画成图落到地上，我能不能再接着用挖掘机挖一挖，推土机推一推，锹松一松，镐锄一锄，最后我能把设计做成什么样子，老百姓是不是能够接受我的这个东西？

　　　　　　我记得第一次谈这个话题的是孟兆祯先生，他是我的工程老师。大家可能最

近看孟院士讲授了很多非常系统的理论，但是孟先生其实是一位有过大量实践经验，跟大量工匠打过交道的老师。我在上大学的时候，他教授的是园林工程，要求我们用很多的精力去做手工模型。当时孟先生胃已经切除了五分之四，他的夫人，杨乃丽先生，每次都会用一个小兜子带着些饼干、馒头和水，让我两个小时提醒孟先生吃一口。但这样的老先生一开口就是我们传统园林的六大要素：山、水、树、石、路、建筑。

二、从传统园林六要素视角下看园林实践

今天我想从与孟先生不同的视角来看待风景园林实践。因为伴随时代的发展，生态学、社会学等各类学科都融入了风景园林学科的范畴。杨老师也在一直探讨这个话题，特别是前几年提出的"境"学理论，让我也很有体会。杨老师的"境"是为我们提供一个共享思想的平台，我们任何一个人都可以去完善、补充和批判。所以我认为传统园林的六要素，也应该从一个更新的视角来看待，六要素间没有这么明显的界限，也能更多的与其他知识相互交叉。

接下来，我想从我理解的传统园林的六要素来和大家分享园林实践的一些事情。

1. 山

1）奥林匹克公园的主山

我们从山开始说，奥林匹克公园的主山是迄今为止北京人工堆筑的最高山。这座山相对高程是 48 米，海拔大概是 48 + 37.5 米。大家想一想，你们在图上曾经多次描摹过等高线，用一个出自你手画满等高线的图，如何建造一座实体的山峰？这座山的主峰，刚才咱们说了是 48 米的相对高程。它有多大面积呢？大家知道天安门广场是 44 公顷，那么这座主山的基座面积就有 41 公顷，总土方量接近 500 万立方米。大家试想一下，如果这座山是你们设计的，应该如何把 500 万立方米的山落到地上？

学　生：　挖土，然后用土方填实。

安友丰：　挖 500 万立方米的土，我跟你们科普一下，例如说挖咱们这座楼的楼基，最多挖 1 万立方米。

学　生：　旁边不是挖出了一个龙形水系吗？

安友丰：　龙形水系只有 20 公顷，平均水深 1.5 米，20 万×1.5，30 万。还差 400 多万立方米。

学　生：　运输。

安友丰：　对，运输。但是从哪儿运？我不能在这儿堆座山，把另外的地方挖成坑。

学　生：　空心的。

安友丰：　对，特别想做空心的，我记得当时很多领导也想让我做空心的，但是造价巨大，而且不符合我们国家很多建筑的强制性规范。因为中空外实，它就是地下

建筑，还盖这么高，是不符合规范要求的。大家还可以试想一下，一个里面是实心，外头是土的山怎么堆？这个堆造难度可能比现在还大。

2）夯土机器——蓝派机

大家认识蓝派机吗？如果翻译成中文的话，叫连续冲击式夯实机。它前面的拖拽必须达到 16km/h 的车速才能让这台机器运转起来。我们常见的压路碾子一般是低振幅、高振频，而它却是高振幅、低振频。那为什么用它呢？普通的碾子在碾压东西的时候，一般厚度不能超过 400 毫米，也就是 40 厘米。如果厚度超过 40 厘米，再压的话，作用的深度不够，最后就压不实了。但是由于蓝派机的高振幅和它近三角形的轮子，每次转动起来往下夯的瞬间，力量巨大，可能达到 $200t/m^2$ 以上的力。这样一来，它作用的距离大概是 2～3 米的样子，就能够把土壤夯实。

大家是否知道正常土壤，例如我们耕作的土壤，密实度大概是多少？所谓土壤密实度就是以同一类土壤捶击到没有形变开为基准，跟它相比的不同就是百分之多少。正常的耕作土壤只有 53%～57% 的密实度。而你们在画施工图，例如道路施工图的时候，你们会把人行道写成 93%，高速公路写成 98%，甚至更高。对于土壤的作业，其实是人类生存的保障。大家可以想象当年古人类从穴居，慢慢过渡到有垒，有台，有夯的状态。你们知道故宫下面夯了多少层土吗？老话说故宫底下一块玉，其实就是在说故宫下有一个相当厚的夯土层。这么多年，故宫里面的建筑不管如何重建和修建，始终没有什么特别大的形变，主要原因就是故宫虽然规模宏大，但是建设之初，却是被当成一个整体设计修建。由此可见，当年修建故宫的时候，朱棣确确实实是下了很多工夫。

大家请记住，这是一种夯土机器，外号叫蓝派机，学名叫连续式冲击夯实机。它的侧面是一个巨大的三角形滚轮。

3）夯土机器——强夯机

我们的奥运公园用不用这台机器呢？在我的试验区用了，但是主山没有用。为什么？因为主山在要堆造的时候，我们甲方的同志们突然变得特别积极，提前堆了七八米的虚土。那个密实度根本无法用蓝派机去操作。

大家可以看现在这个机器，它叫强夯机。就是用一个起重机，把一块锅盖子直径大小的实心铁块吊起来，达到一定高度，然后自由落体放下，它的夯实标准怎么测定？连续两次夯实形变不大于 1 毫米的时候就叫完全夯实了。大家可以看这个夯实作业，这个铁锤一落下去，几米就没了。所以大家可以看到一个个的坑，这叫强夯作业。由于当时虚堆了 5～8 米不等的土，没有任何办法用土方作业机去施工，只有用一个最笨的办法，就是强夯机。古代人也常用绳子把一块石头一样的夯甩到空中再落下来，基本原理是一样的。只不过我们现在加以改进，用起重机把重块吊起来，然后再落下去。

大家可以看到铁锤落下的瞬间会有一个土形成的小的烟雾，这时候锤子已经下去，找不着了。这个强夯机组不可能满夯，它会有一定的间隙，而这个间隙经过充分计算以后，再跟上面的碾压土层结合起来，就能形成很结实的承载面。当时我们要求主峰底下的夯实系数要达到 95% 左右，而全山的夯实系数至少需要达到 93%，最后通过 1400 个样品的取样，这座山的平均密实度达到了 92%。

当时，我们是跟交通部科学研究所一起用奥林匹克公园作为实验区，进行蓝派机的实验。建研院的基础所和中冶集团精冶公司的技术人员和我们一起研究一个人工土筑体如何施工的技术。这个技术后来形成了国家研究课题。

此外，我们在 48 米高的奥林匹克公园主峰上还插了一根 80 米长的探机——一根沉降到地基中的柱子，用来监测地层的变化和整个土山的沉降。至今还在观察之中。

4）设计失误事件

（1）忽略土性造成的失误事件

当时我在做奥林匹克公园土山工艺设计的时候，很多人都认为这个土山有什么难堆的啊。甚至有一位很著名的专家说，你为什么不留 3 米厚的种植土？我说首先需要维持土山的稳定性。48 米压实的土山体对地层有多大压力？我给大家做个比方，如果把整个原地层压陷大概 2.4 米多，它就自然沉陷了。

我记得刚开始做这个土山的时候，我请教过另外一位恩师毛培琳先生。毛先生就提醒过我，说"小安，注意点。景山只有 30 多米，你已经快堆到最高的山了。你能不能悠着点。"我说怎么了？他说当年上海的长风公园，在"文革"期间，通过人拉肩扛的方式堆了一个 27 米高的山，但一场大雨之后变成 16 米了。因为那个时候并没有什么土筑机械，全都靠人工堆，上海土壤比较粘重，堆到最后，大家真的觉得一座挺好的山堆出来了。但是由于当时条件的制约，它确实没有形成一个完整的土工工程，这是我们的一个经验教训。

你们可以关注几本书，一本是岩土工程学的书，一本是土力学的书，它会告诉你土是什么。其实大家天天都见着土，但是土到底有什么特性，有怎样的形成和发生规律，大家都是不清楚的。

（2）忽略土性的下凹式绿地

前一阵我们这儿有很多专家谈海绵城市的时候，特别高兴地跟大家说，要用下凹式绿地。其实我挺反对这个说法的。例如最近一位很厉害的专家，在西北湿陷性黄土地区里大胆运用了下凹式绿地，但最后他的项目整体翻掉了。其实土是有土性的，土性很难把握。我虽然做了这么多的工程项目，但是对于土性的把握一直是我最头疼的一个事，而土和水结合的时候更可怕。所以海绵城市不是一种做法，而是一个大体方向。我们最近把海绵城市变成了一种运动，大家都提倡我们对于雨水的利用、接纳和回收，主观上虽然是好的，但是客观上是存在问题的。

后面还有一些案例跟大家分享什么叫土性。

（3）北大燕园水系恢复事件

大家都知道，现在北京市的地下水和建国初期相比，下降了大概 30 多米。

我前几年帮助北大燕园恢复水系的时候，是挺可怕的一个事，因为整个上游水系，从玉泉山往下是一滴水都没有了，都下降了大概 30 多米深。

2005 年，圆明园做防渗的事情被炒的沸沸扬扬。大家都知道圆明园在建国初期是一个能够自涌喷泉的地方，说明它的结构很通透，而且含沙量会比较大，所以才能够自涌。然而，圆明园现在的水位在 30 米以下，远远落下去了。这个时候就出现了防渗保水与保持土壤生态系统之间的矛盾。事实上，大家可以客观地看看这些问题，到底什么样的工程破坏了生态环境？什么样的工程又能促进生态环境的恢复，大家可以进一步深入思考。

5）小结

奥林匹克公园的土山，在一个天安门广场大小的地盘上建立起强夯的基础之后，应该怎么做？如果你们要做土山模型，应该会用吹塑板一层层粘起来，为了形象的美观最后再抹上一层橡皮泥或者快干粉。和你们的做法类似，我们在强夯之后，也是一层层，每层大概在四五十厘米上下，由推土机刮平，然后使用振动碾子压实，最后只有每一层达到 93% 的密实度，才能最终将奥林匹克公园的土山形象最终呈现在你们面前。

2007 年，奥海刚刚放水的时候，山还是比较秃的。但让我比较欣慰的是，现在这座山还是种植了一些植被。

我们大概是在 2005 年底开始堆砌这座土山，利用北京没有降雨或者少降雨的季节。那年老天爷特别帮忙，一直到 4 月底，一滴雨都几乎没有下。于是，我们在 4 月底到 5 月初开始裸山进行水冲刷试验，浇了半年的雨，几乎没有淋蚀。此外，我们在山里面其实还藏着一些保持水土的结构，有截洪沟，有导流的纵沟等。表面上大家看到的都是郁郁葱葱的山，但其实里面暗藏了很多玄机。

这座山是在中国运用水土保持、土力学、岩土工程学等多种技术的第一份成果。大家可能会想，土山有什么难堆的？我刚开始也是这种想法，但是堆到这么大的时候，简直如履薄冰，战战兢兢，生怕出现一丝一毫的问题，就让整个团队的成果付之一炬。

2．水

说完热热闹闹的山，我们再说水。上善若水，水善利万物而不争。所以我们说水，它是一个很有性格的东西。我曾经试图查过水的各种各样的说法，包括它的分子结构。水确实是人类既离不开，又可爱，又可恨的东西，古代所谓洪水猛兽。所以我们怎么对付水？

1）北京奥森公园近自然系统

这是我在 2009 年做施工的唐山南湖，于游船一角拍摄的照片，摄影师稍微做了些处理。认得出来这儿是哪里吗？这其实就是奥林匹克公园的奥海，当时正在铺膨润土防水台，还没有覆盖岸上植物。

这是奥海刚刚放水时候的秋景图。整个奥林匹克公园在理水的时候，我们用了一个说法，没敢叫生态系统，我们叫近自然系统的模仿。因为这样来说可能会更贴近现实的原貌。我自己也一直跟胡老师的团队说，我们无法去替代一个自然生态系统，我们只能在已有的知识条件下，去模仿一个自然系统的片段。我们没有敢妄提生态系统的营建或者恢复，只是提了一个近自然系统。近是接近的近，就是模仿的意思。

2）唐山南湖公园枝桠护坡技术的运用

大家可以看，上面是一个比较拙劣的灯光布置，这是当时唐山南湖勾勒湖形的时候，照明公司自己弄得设计。但是大家再看看下面是什么？下面有两排木桩，木桩上头是一块相对平整的土地。这是用了一个老祖宗传授下来的技术，曾经远渡日本，又从日本传了回来，叫枝桠材护坡技术。当时一个留学日本的朋友来找我，他是中国人，就是我们学校张玉钧教授。他拿着这套技术，在国家林业局申请了一个课题，并且希望通过这套技术去解决生态护坡的问题。道理其实很简单，就是把废旧的木桩子和植物的枝杈打成捆以后，木桩子钉到地里，再绑在另一个木桩上，形成整体。大家记得沙漠里防止流沙的草格吗？它就相当于弄了一个枝桠材的坑，然后在中间可以种东西。当时他认为是套很复杂的技术，后来我说这个真是中国老祖宗都会。我当时跟工人大体说了一下，他拿了四串给我做试验。所以最后整个环湖十几公里基本上用的都是这个东西。当时有一个煤炭沉陷地，遍地都是这种杂树棄子，于是我们就用了这种杂树棄子来替代。令人意外的是有些柳树棄子，栽下去不到一年的时候，就长出柳树来了。古人常说"无心插柳柳成荫"，还是很有道理的。

以上讲的就是一个因地制宜，就地取材，利用现场废弃物做成护坡的一个例子，现在有一个学名叫做枝桠材护坡技术。

3）唐山南湖公园路面漏水事故处理

这是一个故事，发生在 2009 年 3 月 20 号，那天凌晨 4 点半，我被一个电话惊醒。是工地打来的，特别着急，说"安老师，我们的道路好象漏水了。"当时我脑袋里一激灵，好在经验比较丰富，我说这是不是传说中的管涌。因为我知道漏水的那个湖面，主湖，也就是唐山南湖的北湖区，有 9.5 米高，而出现漏水的道路正好离湖不远，相当于一个大堤，漏水面大概只有 7 米高，存在一个 2.5 米的落差。而管涌的一般原理就是高水位往低水位流。大家都应该有所了解，一到抗洪救灾的时候就是这种状态。从地质条件和地勘作业来说，我认为自己不应该犯这个错误，后来甲方的主管部门对我说"安老师，我们忽略了一件事情，就是这个区域是当年地震时候废弃建筑垃圾形成的。我们在堆填它的时候底下有很多空隙，所以我们做了一层灰土防渗，但是我们没有告诉你"。因为没有告诉我，所以就导致我所打的一根竖木桩子把那层灰土打透了，我是打在那儿准备做码头平台的支撑桩。打透以后，你们仔细观察，画面左侧有一个小漩涡，那儿就是水下去的地方。由于我的那根木桩子打通了这个通道，于是形成了这样一个过水面。你们看到的这个路面是一个路基的斜面下去，这时候白色的水已经哗啦啦的在冲，非常厉害。如果这样的情况发生在长江、黄河大堤上，那就非常严重了。于是在 2009 年 3 月 20 号，我平生第一次碰到了项目工程中的管涌。当时我接到电话是 4 点半，我用了半个小时，立刻上网查了一下管涌如何防治，结合我过往的工程经验，在大约 5 点半的时候，抵达现场，假装特别胸有成竹的样子，但实际上是临时抱佛脚。我毫不吝惜的把 3000 方土砸在了刚才那批木桩上，然后表层拌和灰土之后直接压实，大概只用了三个小时就解决了漏水问题。我肯定最后的设计需要把原来的码头岸线更改，如果犹豫，这条湖边的路就垮了。

这个故事告诉你们什么？即便是在 2009 年，在我已经毕业了 21 年的情况下，还是有很多没有碰到的事情。当时我驻场住在唐山，没有资料，也没有书。即便有书，也不可能带到工地去。幸亏有网络，帮助我解决了一个传说中的大难题。大家想一想，在 21 世纪的今天我们还需要学习才可以解决这些问题，想想 2000 年前的李冰是怎么在都江堰上把那么一个辉煌的工程做好的？所以我一直觉得你们需要汲取古人的很多智慧。

我要提醒大家，刚才的枝桠材技术，还有若干个传统技术，即便在 21 世纪的今天，我们发明创造了很多高大上的工法技术，但是老祖宗的东西不能忘记。我在大量的工程实践中发现，很多传统的技术，有时候要比现代的东西更加直接和干脆，更加省钱，还有效。请大家注意这一点，不要忘本。

4）忽视材料本身特性造成的失误事件

（1）装饰混凝土技术兴起的背后

接下来再说一说最近很流行的装饰混凝土技术。其实刚工作的时候，就已经有水刷石、刷磨石那套技术了。只是现在我们有钱了，就认为这些技术都落伍了，我们应该用真石料来做。但是我们可以看到当今美国已经发展了两万多种装饰混凝土技术，美国人没钱吗？他们应该比我们有钱，但是他们没有破坏自己的环境和资源。大家可以看黄石公园，还有美国一些非常精彩的东西。虽然美国在发展初期也破坏了很多环境资源，但是通过这么多年的发展，他们已经意识到这方面的事情了。我们还在为能用真石料沾沾自喜。说实在的，我每次特别怕坐火车出去，因为我看到都是各种人工开凿的半面山，频率特别高，但是美国现在早就不允许用自然石料了。你们在美国看到的所有很像石头的东西，其实大部分都是装饰混凝土。

我前几年扶持了一家公司，有同学可能知道，叫中锦橙石公司，这几年做的还不错。我最初认识这家公司的时候，他们还只会做路料透水混凝土地面和一部分压印地面。后来我帮他们跟美国装饰混凝土协会建立起联系，于是他们成为协会会员，每年都会去参加培训。他们还跟美国的装饰混凝土协会在北京搞过几次实训班，教大家怎么弄这套技术。后来我思考，他们教的水磨石相关技术，其实就是我们以前用的那套东西，我们脚底下现在踩的，就是水磨石。

为什么我们走了一大圈，却在 21 世纪把 20 世纪 50 年代的东西捡回来了呢？

因为有些传统的东西，从环保的角度，从对生态系统尊重的角度，终究会被认识到它们的价值。我们的石头终究有采完的那一天，而且现在的真石料也有很难用的地方，因为它们是天然的，你无法控制它的形状，它不像工业化的产品一样能够控制。

（2）扎哈设计的广州大剧院

如果有机会，我建议大家去一趟广州，看看"小蛮腰"旁边扎哈做的那个大剧院，它选择了花岗岩做表面。我在参观之前，以我多年的工程知识，曾经做了一个设想，认为这么复杂的一个花岗岩拼接面，一定会出问题。因为花岗岩本身有它的石性，当把它们运用在这么大体量的一个表面上时，就会面对很多新的问题。所以你们会发现广州大剧院的很多地方，特别是角、边部分，都有破损。石料拼接的时候，由于底下轮毂的问题，导致上层排砖的时候不是特别漂亮，就把扎哈一个浑然一体的花岗岩构成的异形面破坏的支离破碎了。我当时觉得扎哈不应该使用花岗石，应该换一种材料。她确实想用，但当她确实在用的时候，却用出了次品，由于她的设计问题，导致了材料使用的不合适，也造成工艺上的损失。

（3）安德鲁设计的戴高乐国际机场 2E 候机厅屋顶及通道坍塌

再举一个大师的例子，大家一定记得安德鲁，设计国家大剧院的这位大师。安德鲁在法国设计的一个通道曾经发生塌陷问题，当时的结论是安德鲁的设计无责任。但是当我仔细观察了混凝土连续拱券结构以后，我发现确实是由于安装上一个不到一厘米的误差，造成整个拱券受力出了问题，最后导致了整个垮塌。虽然安德鲁是学结构出身，但是却采用了一个从设计上没有任何问题，在安装上却有重大误差风险的工艺。所以责任虽然不在安德鲁本身，但他是有问题的。

（4）上海楼脆脆事件

上海曾经有一个楼脆脆事件，大家有听说过吗？一个楼的框架结构，拍到地上的时候还没有碎，大家觉得这个修楼的人太牛了，但是大家谁知道，那个楼为什么倒了？那个楼是桩基，上海大部分高层建筑都是桩基，那桩基打的有毛病吗？没有毛病。但是为什么建完桩基，楼也建好了以后，却整个倒了？因为楼的一侧，水利系统为了防洪，堆了 9 米高的土；而楼的另一侧，甲方为了修地下停车场，又挖了一个坑。大家可以想象这栋楼，一侧是九米高的堆土，另一侧又是近七八米的坑，最后形成了一个什么？楼的地基承载力完全被剪切了。当时去的住房城乡建设部专家组哭笑不得，因为一个简单又低级的错误，这栋楼就倒了。想让楼倒这件事，如果从单方面来做其实是很难的，但是水利系统和甲方互相配合了一下，这个很难完成的事故就被实现了。

由此可见，在工程中，由于我们知识面的短缺和实践经验的不足，我们会遇到各种各样的困难，也会造成很多失误。大家可以看照片，这是修建完好的非常美丽的南湖，但在完成它的过程中，我们又付出了多少心血和努力呢！

3．树

下面讲树。这几棵树长的挺奇怪的，是奥林匹克公园湿地那块的几棵树。这几棵树底下其实还有两米，因为我们在做湿地的时候，人为的做了一下地形，把两米给填上了。好在因为它是柳树，所以抗野蛮能力比较强，有些树，比如松树埋到这个程度基本上就死了。但因为这是馒头柳，埋成这样已经习惯了，所以到地面就会产生分杈。

大家见过怎么栽树吗？这还不是我碰到的最大一个土坨，这个土坨估计才1吨不到。这是个油松的土坨，大家已经看到用吊车了。你们可以想象我亲手移栽或者种植的树最大一个土坨会有多少吗？给你们一个范围，10吨为限，10吨波动。我做过最大一个土坨是90吨，基本上不能吊，是用滑轨平移，用卷扬机滚轮过去的。

1）从实践出发看大树移栽案例

（1）油松枯竭事件

因为很多树都需要得到尊重，即使建设也不能破坏，所以就形成了很多技术。我认为园林种植中最难的确确实实是大树移栽技术。但是2007年以后，北京已经发布明确规定，超过20公分的树就不允许移动。我认为这是一件好事。因为在很多时候，大家对于一个地方的生态恢复，都是以另外一个地方的生态枯竭为代价。我还真干过这事，我也曾经是个"刽子手"。怎么叫"刽子手"呢？我刚工作的时候，1988年，我把河北省易县的油松都移栽到北京（主要不是我干的，我干了一个末尾）。那么挖光了易县的油松以后怎么办呢？我们又绕了半圈到东边，挖天津蓟县的盘山地区，瞬间就把盘山的油松也挖光了。为什么呢？因为北京的需求量太大了。大家都知道北京的油松是皇城的一种象征。我记得小的时候，我在的小学就敲锣打鼓地把一棵大油松送到了天安门广场，栽在毛主席纪念堂旁边。挖完了盘山的油松，我们又去了坝上，没到三年也全都挖没了。现在的北京，你们见到的油松基本上来自辽宁清远和阜新地区。油松分布的最北端是铁岭，也是一个比较大的城市。如果说北京的油松已经挖到铁岭了，那我们就要途穷陌路了，因为已经把油松的原生种群全都挖光了。所以我们既是绿化工作者，也是涂炭生灵的刽子手。

（2）平移法桐

这是一棵就地平移的法桐。大家可以通过比较人和树的比例，来推算这个坨已经很大了。这是一个超过两米多的坨，大概有七、八吨重，因为它是平移，我们故意把坨打的更大一点，可以降低对树的根系的影响。

大家可以看，这是起坨的一个过程。按照施工比例来说，这个坨也是很大的，但是在奥林匹克公园施工的时候，我们要求只要超过10厘米以上的树，原则上就不要动。要动就一定要保活。所以当时施工队伍不得已，必须要以高昂的代价去做树的平移和移栽工程。

（3）大树移栽原则

大家知道，大树移栽非常难！"人挪活，树挪死"，这是曾经有过的一句古话。所以一旦到了移树的时候，你们一定要非常小心谨慎。

我跟朱育帆老师关系特别好，因为朱老师从大学毕业以后一直在教学和设计实践的岗位上，所以我们俩关系特别好。像今天我跟大家讲故事一样，我们也交流这些东西。我记得他有一次在徐州设计比较大规模的七叶树，我就冲他乐。他说你为什么乐？我说全徐州都没有这个规格的树，全中国的七叶树即使够你的规格，也不够你的数量。那时候的七叶树，真正够 30 厘米的并没有那么多，因为虽然只有 30 厘米的胸径，但也已经有 50 年的树龄了。当时朱老师好像要了两三千棵左右的数量，我说这个肯定没有。

所以大家一定要意识到，我们不要随便写。即便我们经常写得是成年树的状态，但是实际去种的时候还是需要一些小点的树。我刚工作的时候，一般苗圃的出土标准是 5～7 厘米胸径。但这几年水涨船高，不到 10～15 厘米就不能出土和使用了。其实这是没有给自然一个时间的考虑。

2）龙湖地产植物营造方式

我帮忙设计了龙湖整个园林系统的技术和方法。但龙湖颠覆了我一个特别客观地对待植物的观点，就是房地产公司为了挣钱，不管付出多么巨大的代价，都会去营造一个 20 年以后景观的假象。从我现在对龙湖项目的观察来看，这个代价还不是我能够控制的。因为当时设计的树间距，经过多年的生长还是不太合理，毕竟自然有自然的选择。你们现在看龙湖的景观手册上，什么种树分五层等等，都是一些模块化的东西，把一个复杂的风景园林设计和应用系统过分简单化了。对于一个房地产公司来说，我觉得无可厚非。但是对于我们来说一定要注意，当我们嘴里喊着生态优先的时候，我们手里干的活也要注意生态优先，要看看苗圃里种的是什么，人工繁殖的是什么。

3）引种驯化

现在你到一些南方城市，如果说你能吃娃娃鱼了，那一定是养殖的，原生的你绝对不能吃，因为那是国家一类保护动物，捕杀或食用原生娃娃鱼都是违法行为。植物保护也是一样。

当年威尔逊在中国走完以后，写了《China, Mother of Gardens》著作的时候，中国是何其让人羡慕的一个国度，我们有 4 万多种植物。但是现在，中国最好的植物园也不超过两万种植物的储备。与我们不同，英国人从 14、15 世纪开始搜罗全世界的植物，至今已经收录了大概 13 万种。由此可见，咱们植物保护方面是远远落后于他人的。

我刚工作的时候，北京市园林局的四大苗圃含品种在内，大约有 570 多种苗子。但现在，市面上流传的可能连 100 种都不到。为什么我们现在的园艺水平没有提升，反而在退化呢？原来的苗圃在国家计划经济体制下还会做一些引种驯化的工作，但后来市场经济以后，反而停止了这项事业。大家知道北京市域范围内大概有多少亩苗圃吗？将近 40 万亩。中国原来最大的苗圃市场是浙江，300 万亩，现在可能被山东取而代之，接近 350 万亩。像江苏、广东、四川这些省份，可能都是超过百万亩苗圃的。所以从前几年开始，我们国家苗圃界出现了结构性过剩。什么原因？山东悬铃木你知道有多少万亩吗？15 万亩，也就是像苗圃一样的种植，能种 15 个奥林匹克公园。那么多的树，它种给谁？卖给谁？种到哪里？都不知道，只是盲目地在种树。所以在植物选择的时候，我们要明白该怎么选择树的种类和数量。

4）无意间的美景——海棠花溪

这是 1989 年我刚工作时候建的海棠花溪，直到现在，每年 4 月中旬，我都有一个小任务，就是到海棠花溪去享受一个意外的处女作。这个项目是谭新老师设计，我负责的施工。当时种了 2000 多株海棠，就是元大都遗址公园海棠花溪，没有想到会成为一景。我记得 1990 年亚运会评选景区的时候，这个也评上了。我每次去感触都非常深刻，因为植物给人们带来非常享受的感觉。

海棠在咱们国家传统花卉里叫国艳，艳丽的艳，非常美丽。咱们国家传统种植的海棠有四种：西府海棠、垂丝海棠、贴梗海棠、木瓜海棠。当然海棠还有其他很多品种，特别是这几年北美海棠进入中国以后，又有很多很多新的品种。但在咱们国家主要谈到的海棠就是以上这四种。

大家看地上全是海棠花的花瓣。1989 年到现在，已经有快三十年了。我种它们的时候，每棵树也就是 5 公分左右。因为海棠分支点比较低，我按地径算，地径是指贴着地皮量的树的直径。而胸径，按照咱们现在北京市常规的说法，则是指离地 1 米 3 时树的直径，有的地方 1 米 2，有的地方叫米径，就是离地一米地方树的直径。胸径是定一般落叶乔木规格时使用的指标。

5）唐山南湖公园水生植物

这是唐山南湖公园水生植物的照片。当时为了配合湖体的净化，第一年用的是吸收量特别大的水葫芦，也就是凤眼蓝，去吸收水中污染物。但是水葫芦比较难控制，特别是冬季你必须要打捞上来，如果烂在里面的话，水体的富营养化反而更严重。但是荷花很好，这片荷花是无心栽的。为什么是无心栽的呢？因为当时这片水因为地面沉陷慢慢流到下游去了，于是在五月份左右就补了一批荷花，没想到六七月份就长出来了，到了秋天非常美丽。这几年居然繁衍开了，在唐山南湖，就是垃圾山对面的那一大片，大概有十几公顷都是这种荷花。

4. 石

1）海棠花溪石碑的由来

山、水、树、石。这是我最熟悉的一块石头，海棠花溪的那块碑，现在这块碑看起来还是非常奇怪和独特。它用的是内丘县的粉红色石头，比较少见。石碑颜色的选择跟海棠也有一定的关系。大家都知道海棠是先粉，盛开以后发白，它正好跟那个色能够对应起来。谭新老师为这块石头的选择也付出了很大的心血。

当时这块碑，谭新老师和他儿子画了1：1的大样，所有雕刻的点都给标出来了，哪儿阴，哪儿阳，怎么刻。这是块随设计而做的碑，它的雕刻者叫刘秉杰。

刘秉杰是谁呢？是刻人民英雄纪念碑的石匠里，最长寿的一位老师傅，他是曲阳人，他的三个儿子后来都是干石雕的，我挺欣慰的，有传承。我刚工作的时候，他已经80多岁了，还在上手雕刻，这块碑也是我看着他雕的。海棠花溪四个字是谁写的？这是刘秉森先生亲自撰写的，也是我亲手描摹在上面。背后大家可以看一下，还有两手，一个是刘秉森先生的隶书，还有一个是刘秉森先生的行书，很少见的，行草。这位先生和上述的刘秉杰先生现在都已经作古了。

这里还有一个小故事。我是比较具有收藏意识的人，原来拓碑都是书法大师写好了字，工匠直接把字用复写纸拓在碑上，然后拿这个刻。这样一来，这幅作品就毁了。我当时工资56块钱，我估计杨老师工资也差不多，于是我拿着工资在林业部复印两张，40块钱。当时A0复印机有多大？基本跟这个房子差不多。然后我就把刘先生的真迹藏了，我拿着这两张复印纸，帮他们拿圆珠笔开始拓，拓到碑上，然后刻下来。当时觉得留下来的是个念想，作品被毁很可惜，所以这两幅字一直保留到了今天。

2）奥林匹克公园的泰山石

这是奥林匹克公园在雕一块泰山石的场景，石头比重大家知道是多少吗？

学生1：　　　3

学生2：　　　2.5

安友丰：　　　你们俩正好说的是石头最常有的一个区间，2.5到3。根据石头类型的不同，会有区别。大家一定要知道这些数据，在做项目的时候才会有所了解，比如说最起码的力学计算、荷载计算等等。我记得吴先生曾经做过南京曹雪芹江南织造的项目，朱育帆老师问过我这上面能不能垒石头？我说那个荷载力得相当大，最后好像用的是素石来解决这个问题。

所以大家一定要对物质的性质比较了解，比如说木头，大家知道比重是多少吗？因为木头特别多，有红木也有松木，你们一般记木头。

学　生：　　　0.7。

安友丰：　　　你说的那是好木头，真好。一般松木干密度大概在0.4到0.5之间，松山材一般都是这个干密度。我们为什么叫它干密度？因为木头含水量不一样，它分量会不一样。一般我们能够用的木头最好是在15%以下的含水量，那样的木头才好用。当然也有特别沉的，刚才说的菠萝格，那就得0.7到0.8了，也就是你说的这个。

学　生：　　　沉香呢？

安友丰：　　　其实沉香并不沉，沉香只是香。虽然木头五花八门，但是木头的干密度不会超过2，一般在一点零几就打住了。

3）山石设计与工匠结合

关于雕石头，我到现在为止没有办法跟同学讲我们怎么去控制它，我们不太可能把每块石头设计的都一样。所以大家在做山石设计，跟施工衔接的时候，一定要把"势"控制住，把它的形状和你需求的这种"势"控制住。至于具体施工哪块石头，确实需要你的设计智慧跟工匠的施工能力相互匹配和协调了。

在北京，大家可能知道有一个老先生叫山石韩，他叫韩良顺，膝下有三个孩子，老大韩建忠，老二韩建伟，老三叫韩学平，这一家其实派生出很多。比如北京堆石界有一个很出名的行家叫吴群一，是他们这代人里堆的最好的，但是他不是师从韩良顺，他是师从韩良喜，他们老韩家上一辈。但是，你们还是会发现，这些能人巧匠们在慢慢凋零。如果你们在有生之年能够结识一批工匠，对你们而言，会是一件非常有帮助的事情。我现在就是因为认识了很多这样的工匠，他们能在你控制工程时候起到很关键的作用，替你控制一些你控制不住的事情。

这是唐山南湖公园入口处的一块石头，大家猜它有多长？这块石头很重。

学　　生：　80米。

安友丰：　你说多了，只有十几米，但是重量已经超过200吨。大家一定要注意，动石头是一件非常危险的事情，轻易不要移动。此外，像泰山石这种，也属于自然资源。像北京市，还有很多市，都已经禁止在自然山地里去取石头。现在我们熟悉的湖石类的，成色最好的已经不是江苏，也不是安徽，而是广西。广西的石头运到浙江，我前段时间打听是一千四五百一吨，到北京可能就更贵了。所以这个石头真有点像当年徽宗时期生辰纲的价格了。

学　　生：　败家石。

安友丰：　败家石现在还躺在颐和园呢。这是咱们奥林匹克公园堆的一组山石。这组石头是山石韩他们家族堆的。为什么叫家族堆的呢？当时这个项目大概要动用2万多吨石头，这三家中的任何单独一家都来不及完成这个项目，所以最后他们决定联手，这是他们家族堆的一片石头。你们可以看到，这就是当时孟兆祯先生所题的"林泉高致"的位置。

5. 路

1）高含水量园路做法——短木桩基础

再来说路。这是南湖的一条路，为什么把这条路给大家展示出来？大家都知道，路上如果要行驶车辆的话，需要有地基，地基要稳固。但是修这条路，远处有水，但路的地方并没有比水位线高很多，而且挖路基的时候很可能都在水平面以下了。此外，这个湖又有一个特点，没有做防水。因为整个唐山南湖底下存在一个致密的黏土层，托住了水。我们在做项目以前，也是仔细地从地质方面做过一些探讨。

这个时候就出现了一个新问题，由于没有做防水，水就会腐蚀到岸上的土里，而这条路，离水面最近的地方不过十米。怎么办？于是出现了一个高含水量的区域。这个区域的含水量实际上已经超过35%，甚至到40%了。大家知道，刚才我们说夯土的密实度是多少？93%。40%都是水了，那93%怎么夯？出问题了。该怎么办？我们惯常的办法打个堰，阻隔水，做防水，或者是降水，抽水，然后换填一些大颗粒的、不怕水侵蚀的无机骨料。但是在当时的条件下，一是不现实，二是造价偏高。于是我又跟古人学了一招。我想起来当年孟先生跟我讲假山的时候，特别在南方做假山的时候，假山底下要做很多木桩基础，而且是要打到淤泥里。木桩可以形成什么呢？一方面，挤密。木桩下去了，水就出去了，被木头挤出去了；另一方面，摩擦。木桩基础之上，做一个拉底，再用片石往上垒，最后才是上头，这样假山就会很稳固。

当时我周边有很多砍下来和准备清掉的树木，大家看这是一根毛白杨的树干，于是我就决定用这些树干做木桩基础。我找结构做了一下计算，做了梅花形布桩，在整个沿道路基础上，大概每60厘米设置一根桩。桩的粗度在10到15厘米之间，桩长大概两米，我们管这个叫短木桩基础。通过把它压进高含水量的土里以后，就可以起到挤密和摩擦作用。在短木桩基础之上，我们又在原来路面的混凝土结构中加了一层筋，增加它的抗弯折能力，这样一来就形成了刚才这条路。其他没有做短木桩基础的路面都出现了沉降或者裂痕，但这条路到现在，已经七年了，没有出现任何问题。正如我刚才所言，老祖宗留下的一些工法还要借鉴。这种做法也非常节约时间，效率极高。这个短木桩，挖掘机一反铲一压，耗时两秒。大家可以想象用那个大锤夯，一压就两秒，两秒一根桩，速度极快。如果我们挖开，又要清填，又要什么，就会慢多了。当时无意中一个不得已的办法，又寻回了一些古人的智慧，这样我们的路又多了一种方法。

2）插曲——海棠花溪园路

这也是路，这是海棠花溪的路。即使经过20多年的时间，依然保持一种很美丽的状态。现在这条路不是我1989年铺的那条路，而是2003年重整维修的，仍然是谭新老师设计。当时我一直跟我师兄李占修强调，别动我的树。所以海棠花溪在整个改造过程中也没有动树。这让我非常欣慰。

现在大家每年4月中旬的时候，仍会看到成片的灿烂的海棠。

6. 建筑

在建筑学院说建筑，我并没有什么资格。但对于图片上的这栋房子，我特别有想法，因为这栋房子是我工作以后接触的第一栋古建筑。当时做这个项目特别有意思，前头刚才说了两位刘先生，一位是写字的刘秉森先生，另一位是刻字的刘秉杰先生，接下来要说的先生叫刘梦臣先生。当年我23岁，他66岁，手把手教我怎么做古建施工。这栋建筑是海棠花溪旁的海棠春屋，建筑设计者是金国林先生。当时我建的时候是570多平方米的一个院落。

1）木结构餐饮建筑

这又是另外一个房子，是我们在唐山做的一个全木结构的房子，当时有些创新的尝试。如果用混凝土做的话，会大大增加建筑的重量，而这座房子是在一个人工堆填的岛上，需要尽量减少自重，所以我们就想用木结构来做。木结构的承载能力其实比我们一般的砖混结构要强很多。木结构做成的房子，除了经过几百、上千年后，会出现一些木材本身的损毁和腐烂以外，它其实是一个很合理的结构。当时做这个房子有点玩的意思，这一组餐饮建筑，全部都是用木结构做成的。

当时做木结构的是江苏的一个队伍，工长是南京工程院毕业的，建筑学本科，他说安老师，太过瘾了，让我过了一次古代榫卯结构的瘾。这是另外一栋建筑，是付静老师做的。

2）素木戏楼

这是另外一组戏楼，也是在南湖。为什么在南湖我们一直想用这种仿古建筑呢？实际上，唐山经过 1976 年那场大地震以后，真是荡然无存了，我看不到任何老的东西。他们曾经跟我描述过小山的繁荣，还有当年成兆德先生创评戏的盛况，但都已经无迹可寻。这栋房子其实是按照成兆才先生创评戏茶园时的样式和名称进行修建，但是做了一些改形，没有完全模仿。我当时跟付静老师说，能不能做一些既是古代的，又是你自己的东西。变的好坏我们暂且不论，但至少我们把传统的东西往回捡了捡。

在唐山用的这些木头全是素木，没有做任何油漆彩画，但是刷了现在那种防腐的油料。有一部分本来想刷桐油的，但是因为桐油颜色的问题，最后他们上了木蜡油，实际上跟桐油一个质地，只是它提纯了，也更贵了。桐油好像一公斤不到 10 块钱，但是这个木蜡油快要 100 块钱一公斤了。

3）双重檐木亭

这是一个双重檐木亭，这也是个木质的亭子。这是垃圾山，在聚集唐山 500 万方生活垃圾的垃圾山上建个亭子，该怎么做？我记得当时为了建这个亭子，大费周折，做了将近 3 个月的耐力试验，把大量的金属块、水泥块压在不同的部位，然后看土地的沉陷情况。我们在比这个亭子大将近 10 倍的范围内做了地基处理，也就是做了一个阀基，再让亭子浮在上面。

这个亭子可能是现在冀东地区最大的一个亭子了，它每个角都有四根柱子。原形是仿了宋画里《水殿招凉图》的主亭，但是形制发生了改变。因为当时主亭的翘角和岩角太高了，我们就给它收回来了。现在的样式特别像一个北式的亭子，但是这个亭子是我们原创的。

三、其他要素在园林实践中的角色

1. 情　怀

山、水、树、石、路、建筑，园林的六大元素都已经讲完了，和你们分享了一些我工作经历中的小故事。下面我还想再讲一部分内容，情怀，它也是景观要素中的重要组成部分。

1）精神文明的塑造

上次上完实务课之后，我系统阅读了杨老师写的一系列的东西。我认为您所提到的内容中，其实还存在一个精神文明塑造的问题。特别是园林，它跟其他的景观还不太一样，当我们真实去做的时候，一定会带着一种追求意境的方式，也就是带着文化去做。跟外国人交流的时候，特别难翻译"意境"这个词汇，但是当我们到一处实际的园林之中，一些诗词或者意象就自然涌现在我们的脑海之中，例如"明月松间照，清泉石上流"，"山气日夕佳，飞鸟相与还"等，园林能帮助我们体会到一些画面感的东西，帮助我们回忆起那首诗，那首词，那种感觉。

但我们要说的情怀还远远不止这些，我们做风景园林真正是为了什么？当时在做南湖项目的时候，我就曾经跟我的设计团队说，我们做南湖最大的收获并不是披红挂彩受到唐山领导的表扬，而一定是洋溢在唐山老百姓脸上的笑容，这才是对我们最大的褒奖。

2）大众园子里的故事

（1）陶然亭公园

这是海棠花溪在盛花季节里人群如织的景象，这就是对于我们风景园林从业者最大的肯定。我希望每个同学利用业余时间都能去紫竹院、陶然亭、天坛里转一转，看一看。去这些地方看什么？陶然亭你会看到很酷的水兵舞，同时你会发现有三四十拨人在用着这56公顷的园地，包括20多公顷的水。当时陶然亭的园长就跟我说，"安老师，我们这儿的标准跟公园设计规范有差异。"因为根据公园设计规范，建筑加上场地面积不应该超过15%，但是陶然亭是22%，为什么这么大？因为它周边是城南的老百姓，你知道陶然亭公园中，每天早上最热闹的地方是哪儿吗？是厕所。因为那里的老百姓住的都是合院式的平房，上厕所都要到公共厕所，人一多就排队。陶然亭最精彩的地方就是男厕所门口会站着一个老大妈，不让男同志进，说你们男同志上厕所比较方便，我们女同志得进这个。所以每天早上6点到7点之间，陶然亭会有排队上厕所的一个盛况。

（2）北海公园五龙亭

我希望你们去看看这些接地气的景象。还有北海，北海你们去过五龙亭吧？每次去五龙亭是不是都有一拨一拨的人，每个亭子里都有一拨，不是跳交谊舞的就是唱歌的，要么就是吹号子的，每天每个时间段都有不同的人群。我管陶然亭、玉渊潭、紫竹院这类园子都叫大众的园子。

我每次坐到这种园子里都特享受，一大堆不同类型的票友和专业人员在你面前，你可以看到洋溢在他们脸上的那种快乐和满足，你才会体会到我们做园林的人其实特别幸福，这也是我毕生的追求。

3）西海鱼生酒家

我母亲已经90岁了，我现在经常陪她去一些园子。十一的时候我带她去后海，找了后海最里头，积水潭那块一个叫西海鱼生的酒家。那是一家园林式的酒家，也是我在后海所有饭馆里最常光顾的一处，因为它既临水，又可以泛舟，还可以吃饭。

我时常因为学园林的原因去寻找一些地方，去欣赏别人的作品。当然你做的作品，如果能够给人带来愉悦，那是更好的。

有时候我经常搜集这类图片，也许是我照的，也许是别人照的，但是我一定要把它搜集来，因为它确确实实是发生在20多年前我亲手建的一个园子里的故事。

4）唐山南湖公园开园盛景

这是唐山南湖公园，2009年4月28号，开园前两天，老头儿骑着车带着老太太去公园的场景。唐山南湖整片区域，光园林面积就有28平方公里，相当广阔。当然它不全是公园，里面还有宾馆，高尔夫球场等设施。

这是我们刚做成时候的场景，大家看画面上面的就是垃圾山，现在它更好看了，覆盖了很多植被。记得2009年5月1号正式开园的时候，每天进去10万人。其实它陆地面积比较小，我们都觉得很拥堵，但大家都不厌其烦地去欣赏和游览，全身心地投入和喜欢，让我们团队的每一个人都非常感动。

5）"鸥鹭忘饥"景致

大家可以看这个，这是个特别意外的场景。这是四月二十几号，也是没有开园的时候，我引用了一句古话，叫"鸥鹭忘饥"。当时的场景是在一片空旷的区域中，种植和保留有一些古树，一位老爷子坐在那儿拉起了胡琴。随我同行的团队是六个年轻人，加上一共我七个人，当我们走到那儿的时候，所有人都愣住了，二胡悠扬的感觉，再加上空旷和静谧的氛围，让我们达到了一种忘我的状态。我当时连续拍摄了大概20多张照片，都是这样一个场景，我觉得这是我们需要的一种感觉，这位老先生在这片场地中找到了这样一种状态。

我们当时预设的这个景名就叫做"鸥鹭忘饥"。鸥鹭尚且忘饥，何况人乎。恰恰由于这位老先生的一段扬琴，帮助我们实现了预想中的氛围和意境，给了我们所有付出一份最好的回报，让我们设计团队中的每个人都特别感动。

2. 发 愿

还有一个要素叫发愿。我在唐山做了一件事，今年这个愿刚还。

1）起由——榜样的力量

（1）初识

这是我特喜欢的一个老爷子，不知道大家知不知道这个人。

学　生：　当然知道了。

安友丰：　李叔同。出家以后叫弘一法师。前一阵我去了泉州，又看到他的圆寂的地方，我觉得这个人特别值得我们去讨论。李叔同，极尽人间之繁华，极尽人间之才华，后来他变成了弘一大师，其中的转变和深意我无法阐述得很透彻，因为我对佛学研究得不如杨老师深刻，但是我特别喜欢这个人。我第一次知道他的时候，我才上初二，只知道他叫李叔同。当时我的同桌是一个叫杨方的女孩，她父亲是农大的教授，她在作文本上写了一段特别漂亮的词，"长亭外，古道边，芳草碧连天"，我觉得太好了，那种意境，那种感觉，也许正是我喜欢弘一法师的原因。

（2）了解

后来逐渐长大，知道这个人整个经历以后，我觉得更加喜欢。我几乎收藏了所有跟他生平（1880-1942年）相关的手记、手稿等各种东西。我为什么给大家介绍他呢？我喜欢把一个人的经历演变成自己的一种参考和动力。为什么？我的学生可能知道我曾经发过愿，我说我60岁的时候要写本书，叫《园林野史》。你别乐，全中国能写《园林野史》可能就是我，因为我现在还兼着北京林业大学园林校友会的秘书长一职。我能给你们把梁思成先生的生平写的一清二楚，如数家珍，他的家庭、学业、恋爱、婚姻、学术造诣，等等。杨老师给我这个题叫"实践范围"，我一直认为生活也是实践范围。如果没有生活，就没有像李叔同弘一大师这样极尽人间智慧于一体的圣人。你看他精通绘画、音乐、戏剧、书法、篆刻、诗词，是我国著名的艺术家、教育家，出家以后又能成为佛学方面的大家，真的让人非常感动。

（3）还愿

我今年正在做泉州李叔同曾经译经的那个寺的复建工程。最近这一年我们复建了不少这种地方。这是弘一法师去世前，1942年10月13号，所写的四个字，"悲心焦急"。我没有资格去评价弘一法师，但我希望大家能够去认识他。近现代中国，我一直认为这个人在我心目中是极致的，既在内，又在外，希望大家能用心体会这个人。

今天特别想跟大家说的其实是，实践范围里头你们要阅人，阅人如阅书，阅一个完整的人的时候，从某种角度来讲，会比你从一本干巴巴的书籍中汲取的知识和思想更多。所以我推荐李叔同（弘一法师），因为这个人非常丰富和生动。

2）龙泉寺的复建

最近我一直在跟大家探讨的是园林的内涵和外延。随着实践和成长，我们会把更多的外延变成我们自己的内涵，内涵越多，我们就会变得越强大。在杨老师和各位同仁的努力下，我们的风景园林学科在2011年成为国家一级学科。但我认为，我们离真正的一级学科还差得很多，很远，所以在座的诸位仍需好好努力。

（1）唐柏的故事

2010年，做完南湖的主体以后，最让我惊讶的是当时在考察现场的时候，发现了唐山市内唯一一棵唐柏，让我非常震撼。柏树的胸径大概要三到四个人才能够抱过来。这棵树据称是尉迟敬德当年修龙泉寺的时候栽种的。修龙泉寺是什么历史事件呢？当年李世民东征，于公元644年在唐山路过，那时候唐山区域还没有城池。现在可考的唐山历史是先有开平卫，后有唐山城，时间大概在1405年前后，也就是跟北京城建立的时间差不多。在这以前，唐山附近很可能有一个叫石城县的地方，但现在这个地方不太能考古出来。但是开平县至今还在发展建设，开平小学的校歌里曾经有那么一段话，叫做"斗水中林，凤山玉秀，巍巍古石城"，它是一个百年老校，可能跟那个历史事件相关。

当年，李世民曾经在这片区域看到一只巨龙腾空，所以就特别震撼，叫尉迟敬德在这儿修了这个寺，也就是龙泉寺。修了寺以后，就留下了这棵柏树。龙泉寺后来变成小学，小学又变成一个工厂，本来有三棵唐柏，但现在只剩下一棵了。当时我考察的时候，见到这棵树，就决心一定要把它重新保护起来。但是我们在选址的时候突然出现新问题了，因为原址兴建的时候，它的东南方向正好是垃圾山，如果把柏树整个搬过来，就把巽位堵死了，这样一来不太合理，于是我们就挪了一下位置。

（2）初衷

2014 年 4 月份，我在跟唐山市委领导汇报的时候，我曾说能不能异地重建一个寺，并且大体把这个寺的历史跟他们谈了谈。

后来我记得当时的市委书记，现在的河北省委副书记赵勇当时回头跟当时的市长陈国鹰，也是现在的河北省环保厅的厅长说了一句话，原话是这样的"唐山人有太多的苦难，我们应该给他们一些寄托"。当时我通过考察，发现唐山市里有很多寺都是地震以后再复建的，有的规模都不够，不能满足于老百姓的一些信仰和追求。此外，当时清华安地做的唐山地震遗址公园，那几面黑色的花岗岩墙壁太过压抑。我前一阵陪着咱们搞棕地的这些人去的时候，仍然感到非常压抑。所以我说重建一个寺，让很多老百姓能够有所寄托。最后相关部门批准了我们的请求。

（3）选址

这个地方原来是个坑，叫马庄大坑，后来因为不断填积就堆起来了。堆起来以后，为了地基的稳固，我们就用整个桩基码满，形成一个平台。

以后你们有机会可以去唐山看看，它现代里带着的这种唐风古韵，其实还是因为李世民和尉迟敬德建造的这个寺。大概有 1300 年的历史了，这个重建的寺庙比原来大了大概得有三四倍的样子。这是当时的照片图。

（4）设计理念

这是建设中和建成后的照片。这是下雪时候的照片。作为园林工作者，其实没有任何人逼迫我去重建这个寺庙。但我始终觉得，唐山缺失的东西我们应该把它补上，因为当时我们在做整个设计理念的时候就是凤凰涅槃。唐山是中国 24 个凤凰城之一，它原来就有凤凰山，所以它自称凤凰城。唐山经历过当年的洋务运动，1976 年才毁掉旧文明的遗存，之后开始恢复生产，大规模的建设。你们可以看到最近这几年排在污染前 10 名城市，唐山经常拿第一，就是因为它是一个重工业和资源型城市，钢铁、煤炭都是它的支柱产业。当然这几年因为价格调整，钢铁售价跌一半，我工作的时候，一吨钢材，比如说螺纹钢大概是 5000 多到 6000，而现在差不多是 2450 左右。这对于整个行业而言打击非常严重，也导致唐山最近走了点下坡路。它真是挺波折的一个城市，所以当时我们叫它凤凰涅槃。

（5）开光、建成

我前两天又去了唐山，在微博上发了几句话，说唐山好像又要有一次凤凰涅槃了。郭沫若当时写凤凰涅槃，说 500 年有一回。但我们认为现代社会节奏变快速了，变成了五年、十年就有一回凤凰涅槃的感觉了。今年 4 月份是我最高兴的一个时间，因为龙泉寺建成，然后开光了。我曾经说，我在唐山的最后一个事情就是要把这个寺建成。但是好像现在唐山人民比较喜欢我，最近还有项目不断找我们去做。作为一个搞规划设计或者是搞工程的人，最幸福的事情其实是我每次去唐山的时候，唐山人都这么跟你说，"安老师，什么时候回唐山？"你就会发现就这一去一回完全是两个概念，他把你当家里人了。你做了一件事，在一个不属于你家乡的异地，替那些人做了家里人该做的事情，所以他把你当家里人了。

四、总　结

最后以这段话作为今天讲课的一个总结。以资源环境和遗产保护为重点的研究目标是通过对环境的贡献、城市的贡献、社会的贡献、经济的贡献、精神文明和文化的贡献这六个方面来确立风景园林学科地位，只有在这些方面有理论、有行动、有实践，才能真正推动风景园林学科的发展，这是谁说的呢？

学　生：　　杨老师。

安友丰：　　对。2014 年杨老师在重庆说的这段话。我觉得这段话说的非常深刻。我一直在说古，在说这些传统的东西，而杨老则用了一个比较现代的语言，来说风景园林学科发展的未来。也就是说，我们既要有理论，又要有行动，还要有实践，才能真正推动风景园林学科的发展。

再跟大家共享一段话，"君子之交，其淡如水，执象而求，咫尺千里，问余何适，廓尔忘言。花枝春满，天心月圆"。这是谁写的呢？这是弘一大师的遗言，写出了弘一大师一生的境界和他临终前的心境，对我非常有激励。

前一阵在复建弘一法师的寺庙，住持是从咱们北京龙泉寺过去的。他正好跟我聊天，送我们每人一盒茶，每一个上面都用一个竹棍雕着几个字。当时我们六七个人，我抽的恰恰就是"天心月圆"。我跟大师说，我最喜欢的四个字其实就是"天心月圆"，这可能也是一种缘分吧。

今天的演讲就到这里。谢谢。

第二部分——互动式交流环节

杨　锐：　　我们再稍微聊几句。今天安老师给我们做了一个非常精彩的讲座。我想安老师在台上是洋洋洒洒，一气呵成。我在底下确实听着津津有味，不忍打断。实际上按道理，我们应该到 50 分钟的时候就应该进入到讨论的环节。但由于时间的关系，我只能问安老师一个问题，因为这也是非常难得的一个机会。

学　生：　　您有非常丰富的工程实践经验，作为一个实践者，反过来再看设计师，或者是我们这些正在学景观规划设计的同学，他们最容易犯的错误都有哪些？您有什么建议？

安友丰：　　　其实我也是很晚才知道有六个字作为设计师的原则，但是它并不是仅仅针对风景园林设计师，它是泛指设计师的，它是"实用、经济、美观"。年轻人经常追求最后那个东西，美观。但是忽略了事情的本体，就是实用和经济。我一直在给大家举很多例子，比如我做了一个东西不能用，那就是没用；做了一个东西买不起，那也是没用。我要个夏利，你给我宾利，最后我实在掏不起这个钱，那该怎么办？最后的结论就是，你要给我一个东西，既买得起，又能用，还很漂亮。

　　　现在年轻人追求漂亮，我不反对。但是从你们迈出学校门时候开始，有三件事情你们必须考虑，就是实用、经济、美观。我常常告诉年轻人要换位思考问题，当你作为一个消费者、一个游客去思考，你可能就会有很多不一样的想法。

学　　生：　　　因为我本科是学水利工程的，所以见到您特别亲切。只有一个问题，您还收徒不？

安友丰：　　　我以前在北林教本科的时候，带一个班的同学，当时的想法是把所有人都教好。现在教 10 个班，后来我说换个教法，叫姜太公钓鱼，愿者上钩。

杨　　锐：　　　让我们再次以掌声感谢安老师。

第九讲

如何创办成功的风景园林企业？

主　讲: 李方悦
对　话: 杨　锐、李方悦
后期整理: 叶　晶、马之野
授课时间: 2016 年 11 月 4 日

李方悦
Clara Li

　　奥雅设计董事总经理、首席经济策划师，洛嘉儿童创始人，乌镇横港国际艺术村操盘人；深圳十大杰出女企业家、深圳市城市管理设计与艺术顾问。

　　李方悦女士毕业于北京大学经济学院国际经济专业，早年就职财政部综合司，后获得加拿大经济学和工商管理双硕士学位。曾就职加拿大温哥华普华永道，从事审计和财务咨询，获加拿大皇家注册会计师职称，为大陆背景获取这一职称的第一人。她于 2002 年加盟奥雅设计，专注于从规划设计咨询业务延伸到文创品牌运营管理的转型跨界与资源整合；尤为擅长大型综合性文旅项目操盘，从创意策划、主题定位和经济分析，到项目全生命周期的规划设计、产品落地和运营管理方面。

第一部分——授课教师主题演讲

一、开场概述：与奥雅和景观的结缘历程

杨　锐：　　方悦总的先生先创办了奥雅，创办了三五年的时候遇到了瓶颈，生不如死，实在是非常艰难。这个时候方悦总出面，相当于一个女侠，力挽狂澜，使奥雅发展到现在的规模。方悦总已经给我们连续第三年做讲座，每年都有新的东西，我们可以看到前面的老师，都是学风景园林专业出身，但是方悦总的背景并不是风景园林，她是在北大学的管理。

李方悦：　　国际经济。

杨　锐：　　在我们看来，风景园林系是跟泥土打交道的，国际经济是一个非常高大上的专业。方悦总到了奥雅之后，把奥雅带到现在的地位，非常著名也非常有影响力。对于怎么创办和经营一家风景园林企业，她深有体会。下面，让我们以热烈的掌声欢迎方悦总。

李方悦：　　非常荣幸，感谢杨锐老师的邀请。刚才杨老师讲的力挽狂澜，其实没有描述的那么刺激。当时进入奥雅的时候确实是一头雾水，非常被动地进入了景观设计行业，我是进入很久以后才知道这个行业是干什么的，一开始还是有点传统观念，完全是一个帮忙的心态，心想既然是先生的事情，不能不帮。因为当时的公司局势非常混乱，所以就想帮他把公司管理一下。

　　我加入奥雅的时候是 2002 年，距今将近有 15 年的时光了。接触到奥雅的时候才有 12 个人，当时心想把公司打理一下，我还是继续从事我自己的职业。咱们邻校就是北大，我是北大的经济学背景，当时还叫经济系，国际经济专业。本科结束之后，留学到了加拿大，继续学的是经济学和管理学硕士，后来在普华永道工作，所以从来没有想到我自己会和景观设计领域有什么瓜葛和联系，也是因为先生的这样一种因缘进入到奥雅，当时纯粹是想帮个忙。

　　结果一进去以后发现景观行业是一片沼泽地，一脚陷进去，越陷越深，另外一脚也陷进去了，直到今天还没有拔出来。

　　在这个过程中我也学习和了解了景观设计行业，包括设计行业，逐渐爱上了它们，直到今天。在这个过程中我想告诉大家，既然是做一件事情，我们就要把一件事情做好，不断的研究和学习。

二、设计公司的管理与挑战

1）设计公司的挑战

关于设计公司的管理工作，过程是非常艰难的，所以今天这个题目叫做"设

计公司的管理与挑战"。其实一开始的题目想叫做"设计公司的管理与困境",但这是一个非常难解的题,甚至是一个无法解的题,而且感觉困境不是太正面,就把它改成一个挑战,也确实有非常大的挑战。

我们近期还在讨论,如果 15 年前我们没有进入奥雅,没有进入这个行业,而去选择其他行业,比如说——教育(当时我想做一家国际学校,最开始想做一个国际幼儿园)那我觉得经过 15 年的发展,到现在应该会处在一个非常好的境地。因为当今国际学校已经面对"一位难求,学费不断上涨"的形势。

但到现在,我们还在面临设计公司的一个很大挑战。这个挑战并不随着公司的扩大和增长而变少,为什么?设计公司具有很大的一个特殊性,跟一般公司的管理是很不一样的。一般来讲一个公司做的越大,相应的会有更多的规模效应,也会面对更多的问题,比如周围其他小公司的竞争。有很多小公司具有很强的竞争力,比如朱育帆老师的公司,他是设计大师,很多客户会很追捧这样的工作室。它可能规模比你小,但比你的大公司更有优势。

很多客户会讲到,我不见得要找大的公司,大的公司可能会非常忙,没有时间精力来管我的项目,跟我对接的可能就是项目经理。但是如果我找一个小公司,就可能是一个很优秀的设计师,从头到尾亲自来负责我的项目,这样其实做的更好。所以设计公司其实是面临很多规模和效益的问题。

为什么设计公司的管理这么困难呢?因为我们做的产品是无法标准化的,每个项目都是独一无二,每个客户在我们这边的时候,他都会说我想要做的是一个最好的东西,我不要跟别人一样,我要超越他。所以项目的唯一性,以及解决方法的独特性,就决定了设计是不能复制的。是不是这样?甲方不希望复制,但他想要的唯一性和特殊性,又跟规模经济产生很大的矛盾。我们看看其他的行业,比如研发,研发出一种产品以后,具有很大的市场需求,那么就可以批量生产,批量销售。比如说苹果手机,苹果研发出来以后,就可以量产,过一阵儿出 2.0 产品,3.0 的产品,不断迭代升级。但所有手机都是一样的,每一个型号的产品也是一样的,不会存在张三说我要一个女性化的产品,李四说我要一个文艺的产品这种情况,它不是为每个人量身订作的。但是设计却需要为每一个客户塑造完全不同的产品,所以这个难度是非常非常大的。我们讲到别的公司,就像是看别人家的孩子,总觉得非常好,也非常羡慕它们。

对于普通公司而言,随着规模的增长,成本会随着产量上升而下降。开模的费用是固定的,卖的数量越多,每个产品的成本就降低,平均的成本就会下降。但是设计公司却恰恰相反,随着规模的扩大,成本却在不断上升。体现在什么方面呢?我们都知道,设计公司规模扩大以后,效率会下降,管理成本会提高,包括管理团队的增加,会存在很多管理方面的问题。

会出现什么问题呢?人均产值会下降,利润率会降低。大家可能还没有接触到行业中的问题,但是我们这些设计公司的老总们,每次见面基本上都是讨论这个问题。实际上伴随着规模的扩大,成本会不断的提高,效益会不断的下降。

　　所以规模和经济成为设计公司面临的一个非常大的挑战，就是公司到底该不该成长，该不该扩张？当你做了一个知名项目以后，会有很多人来找你做项目，这个时候就需要人，人力不足，就要招人，就要扩大，一扩大以后就要需要其他人去管理他们，就会产生各种各样的问题。同时效益会下降，直到下降到一个点，可能跟成本会差不多，就是规模的一个边界。

　　2）设计公司的管理

　　所以很少有大规模的设计公司。大家经常看到的设计公司规模有多大？20～30人的规模比较常见。为什么呢？这是一个正常人可以看到和管理的范围，对不对？一个人能管多少人？十来个是吧？可能随着需求的扩大，我们再扩大一下，20～30个，还有一些人的个人领导力比较强，甚至可以到50～80个。在奥雅前期管理的时候我曾经做到80个人，当时的管理成本和团队是非常非常小的。我给每个人做计划，每个人周一的时候会接到一张表，本周的工作计划，在上班之前会放在他办公桌上，没有任何运营管理团队，全是我一个人在做企划。我觉得我的个人管理以及同时操作很多事情的能力，还是可以的。

　　但是到80个人，真的是个人管理的最大边界了。大多数人的管理能力差不多，也就是20～30人左右，这就是为什么我说设计公司的规模在20～30人之间是比较常见的。那么西方的设计公司规模差不多有多少呢？大概7、8年前，我参加过一次加拿大景观设计师年会，当时他们就讲到一个数字，在加拿大包括美国，它的景观设计师的规模你知道是多少吗？超不过10人，整体大概7～8个人左右，类似一个小型工作室的规模和形式。

　　由于中国经济的体量以及房地产带来巨大的需求，促使我们这个行业处在一个高速膨胀的过程中，所以我们的设计公司规模都非常大。当时参加年会的时候，奥雅是300个人，跟同行说公司是300人规模的时候，我们得到的反应是这样——大家都张大了嘴合不上去，就是啊，惊讶到这种地步，无法想象一个300人的景观设计公司是怎么样的一个状况，以及如何管理运营。

　　但是当时他们的反应并没有使我感到非常骄傲，"看你们才有十来个人，我们都发展到300人的公司，我们管理能力多强，我们公司做的多好"。当时我并没有这样一种感觉，反而是一种强烈的危机感。其实发达国家的现在就是我们的未来。他们也曾经历过一个高速发展、经济扩张的时期，但现在逐渐趋向于饱和；而我们现在正好处在一个黄金发展阶段，所以我们会有行业盛况，但终究会结束。当房地产发展到一定阶段，不再有那么多设计业务的时候，我们的行业一定会萎缩。所以我就很担心这300个人他们去做什么？他们未来是怎么样一个状况？我有很强烈的危机感，从年会回来以后我就一直在试着控制和降低规模，所以到今天我们还有多少人呢？500多人。

　　所以我给大家讲的管理，其实是很有意思的一件事情，当你创立了一个公司，这个公司就像一个小孩一样，有自己的生命力和意志力，它需要生长。不管你意愿怎么样，机构总是在不断的生长和膨胀的。很多时候我们觉得是在为企业机构的意愿而服务，去满足它的欲望，同时在过程中努力维持它的生存和发展。

50人以下的规模，基本上就是个性化、个人化的管理。小张、小李，每天看看你做的怎么样，做的不行我给你指导指导，这种导师式的管理，就像我们学校里大多数的工作室，我相信这是一种个性化和师徒亲密式的工作室管理模式。

这样一种规模下，我个人认为还是一种非常纯粹的以设计师为核心的工作方式，设计师有能力去控制所有人的所有工作成果，也能比较好的去实现他的设计理想。

这个规模一旦扩大以后，就会出现失控的问题，可能某个团队，某个人做的东西不是设计师想要的东西，或者达不到他的期望，这时候会出现很多问题，客户会投诉，客户会不满。我一听客户跟我讲"你要重视"，就说明客户已经对我们很不满意了。这是一个很客气的说法，要求你一定要亲自过问。昨天我还听到成都一个老客户跟我讲"李总你要过问啊，这是我们合作的第五个项目了，这个做的我们觉得不行，不尽心。"这种场合下，就会出现你自己控制不了的情况。

到了80人的时候，就需要有一个管理的概念，你一个人来管所有人已经不现实了，你需要有一个或一些人来管理员工。

到了150人的时候，已经超越一个"所有人都相互认识"的状态。这是有一个社会研究的，在这个数量以下你还认识每个人，但是到了150人，你会觉得好多人都不认识的。但是你又认为自己应该认识他们，因为你是他们的老板。之所以会出现这么一种状况，就是因为它已经到达了一个传统宗族的规模。所以150人以上就需要有一个更加专业化的管理。

到了250人以上，又会出现很多新的管理问题，这时就需要一个非常完整的配套制度，包括项目统计，财务核算，很多都需要，在奥雅的管理中有几次质的变化，在这个过程中我们会发现，跨越了250人的规模以后，管理的成本其实是大幅度增长的。但一旦超过250人规模以后，公司似乎又可以进一步得到发展。

记得我们在250人左右的时候，参加了一个上海的设计研讨会，碰到了郑可老师，AECOM上海区的设计总监。当时我在研讨会上提到我们所面临的一些管理问题，郑可老师就问我们现在多少人？250人。他说你这个规模不好，不大不小，再小点你一个人管就OK，不需要什么专业的管理团队。如果规模再大一点，比如说500人以上，那么就可以支付的起一套ERP系统。这是我第一次听到这么一个高深的名字叫ERP系统，这是管理系统的一个软件，所有的项目核算，人力资源管理，包括客户管理都可以通过这样一套系统来实现，而不需要用人力去管理。

那么这个时候就会出现一个规模的效益。我说这个 ERP 系统多少钱？他说这个很贵，现在你们没必要，上千万，它的成本肯定是 250 人的公司效益无法支持的。

可能是郑可老师的话给了我一些潜意识的影响，所以奥雅发展至今，一直到 500 人左右。当然，我们现在仍然面临很多管理问题，也已经尝试了各种不同的管理信息系统，去年尝试了一套，因为各种各样复杂的问题，我们内部团队非常不适应，本来工作环境很自由，突然来了一套管理系统。向大家征求意见，非常反对，都不上线，于是就废掉了。后来还是有很多管理问题，我们又坚持搞了"第八管理系统"，非常复杂。现在要求上线，员工又投诉，本来就很忙了，为什么还要增加这么多额外的事情。我们向员工们强调这个事情很重要，必须要规范化管理，国际化管理。

3）总结

总之，我们还在一个艰难的管理过程中。小型公司管理的质量是比较高的，效率也相对较高，因为在这个时候个人是比较小而美的。但是人的欲望和企业的发展欲望是无穷的，很多人都不能够克制住自己发展的欲望，所以这就是我今天为什么要到这里来给大家讲这个问题的原因。

设计公司的管理，如果说真的仅仅是做设计的话，我觉得是不需要管理的，更不需要我今天花费时间给大家去讲设计公司如何管理，只要把设计做好就行了。这是一件非常简单的事情，一位大师带着大家搞设计，你不会做我来教你，不断地提升你，最终将你训练成一位成熟的设计师。之后，你可能有独立发展的诉求，例如成立一家自己的小工作室去服务客户。其实就是这么简单的一个事情，设计本身是不需要扩大的，一旦扩大了就会产生很多的问题。

但是，我们已经发展到了今天怎么办？ 500 人，我们也不能任由其混乱下去，所以我们要建立一套管理体系，它非常复杂，成本也非常高，因此我们就产生了很多问题，比如说人事、人力资源管理、运营的管理以及财务的管理等方面，各种各样的问题，包括刚才提到的绩效。

三、设计公司的管理核心及本质

1. 管理核心——对人的管理

管理是一件很难的事情。为什么发展公司管理？因为我们知道在中国很多设计公司规模是比较大的，100 多人以上的公司很常见，甚至还有建筑设计公司有上千人的规模。那么上千人怎么管理？我对这个问题思考了很多年，我在这里跟大家讲的是我多年来的一个体会，可能跟很多人讲的会有不同。管理是一个什么事情呢？就是你懂一点，他懂一点，大家都懂一点，都可以对管理指手画脚。就像设计一样，美不美，丑不丑，做出来以后大家都知道。但是管理跟设计一样，也是非常难的一件事情。当这个建筑建出来以后，大家觉得太丑了，实在是太难看了，所谓众口难调，要创造一个精彩的，能够打动人心的建筑是非常难的。

管理也是一样，评论很容易，但实际操作起来，却非常复杂和混乱。真正能够把一个公司管理的井井有条、有效还有利是非常难的，甚至可以说是凤毛麟角的事情。所以我觉得做设计和管理有很多相通之处，都需要对人性有很深的理解，它并不仅仅是一个技术。大家学习了很多画图的技术，CAD、透视学，那是不是学了这些就能把设计做好呢？并不是，做设计需要你的社会积累，需要你的悟性，以及对生活的理解，这样才能把它做好。

做管理也是一样，它比设计还要综合，因为涉及对人的管理。所以做好管理的工作是非常困难的一件事情。那么请问大家，管理的核心是什么？无论是设计公司，创意公司，还是其他公司，它们的核心都是对人的管理。

对于传统的制造业，管理相对比较简单。我们发明一个机器，做一个模件，购买一个流水线然后把它生产出来，人的作用在里面是相当次要的。比如不断发生跳楼事件的富士康公司，人的作用就是插件，插一下，再插一下，每天重复上千次，像一个机器一样，这个时候几乎不需要管理，只需要给他们提供一个宿舍，然后打卡即可。所以出了这些事以后，老板觉得非常烦恼，人太麻烦了，有七情六欲，还要考虑幸福感，问题太复杂了。所以现在尝试用机器人来替代人的工作，就不需要管理了。

但是，创意设计公司的核心其实是对人的管理。为什么呢？我们看一下，人是非常复杂的一个个体，是不是？他有优点、创新力和创造力，他善良、有善意，还有潜能和独立自主的个性。

同时，人是不是只有优点呢？并不是，还有自私，也许还有贪婪、嫉妒和散漫。特别是有创造力的人很多是自由和散漫的，可能早上10点多钟还没有起床，包括我本人也是晚睡晚起的，比较难管理。

奥雅只有一条一直保留的制度，就是罚款。做什么会罚款呢？迟到。我深知公司里的这么多人，如果上班随意，很可能10点半开会还找不到人，要不断地打电话催促，即使打通，也都在睡觉，还会找各种理由，比如昨天加班到12点，加班到2点。如果这样，公司效率会非常非常低，所以我们只能通过奖惩措施来进行管理。

2.管理本质——激发人的善意和潜能

人是非常复杂的个体，优点和缺点集于一身。存在各种各样的理论研究，有的哲学说人本性是善的，有的哲学认为本性是恶的，其实人是一个善恶共同的集合体，非常复杂和矛盾。

我经常引用德鲁克关于管理的名言。他是一位深谙管理本质的经济学家，我认为他是一位真正的管理大师。这位大师有很多的跟随者和信奉者，包括稻盛和夫，大家知道日本的经营管理之神，他也是德鲁克的管理学说的一个信奉者。现实生活中学经济的人很多，但真正懂得管理的人却非常非常少。

德鲁克怎么定义管理的呢？他说管理的本质就是激发人的善意和潜能。你们可以在自己未来的职业生涯中不断体会这一句话，因为在座各位都是清华的同学，都是非常优秀的，你们未来可能会介入到人的管理工作中去。无论是团队的管理，或者是创业，进行公司的管理，你们都需要去理解管理的本质是什么。

经过 15 年的摸索体会，我深感管理的本质就是激发人的善意和潜能。大家可以看到各种各样的管理，比如说高压式的管理，权威式的管理，它们也许都是有效的，但它们并不是激发人的善良和潜能。举个例子，你不做这个东西就不行，就得罚钱，这是什么管理呢？这是激发人的善意和潜能吗？不是。那是什么？是恐惧。不是激发潜能，而是激发你的恐惧，害怕。那么这就不符合德鲁克对管理的定义，那怎么样激发人的善意呢？就是别人做的好，我希望做的更好，或者说别人都做的很好了我不能落后，不能给团队丢脸，我要紧跟大家的脚步。或者我要有一个很美好、很有成就感的人生，我要努力拼搏和奋斗。那么经过这样的一个激发和努力，我确实做到了，而且做的很优秀。

管理是一个激发人的善意和潜能的过程。我们知道人的潜能是无限的。什么是优秀的管理呢？就是使一帮很普通的人在一起做很牛的事情，这群人可能不是像我们北大、清华这样很优秀的毕业生，甚至连 211 都不是的，就是很普通的职业技术学校出身，如果能做到这种程度，管理就创造了价值。如果都是北大、清华的毕业生，他们自身就很优秀了，管理上可以做的事情，其实可能并没有那么多。管理最大的魅力和价值就是让一帮普通人创造价值，完成伟大的事情。

在一个团队里，怎么让一群优秀的毕业生创造价值？我们北大、清华的最大问题是什么？我们专业上都很牛，但我们都非常自我，甚至可能有点自私和个人主义，不擅长团队工作。那么怎么样使一帮非常自我的人能在一个团队里合作，共同完成一件伟大的事情？这就需要管理的帮助。

实际上，德鲁克的学说所定义的管理是一个知识型的社会管理。中国正在大力发展文化创意产业，步入灵创时代，未来的社会将不再以制造业为主。资源密集型和资本密集型的时代基本已经过去，知识密集型和创意密集型的时代正在到来。

所以，我们现在需要的管理者是可以管理知识型和创意型企业的人，这类的人才甚至比一位优秀的设计师还要缺乏。是不是？如果你能够管理创造型团队，发挥他们每一个人的创意价值，是不是很牛？一起创造价值，是一件非常了不起的事情。

我们需要的是这样的企业和管理，能够规避弱点，发现创造性，完善自我，发现价值，从服从式管理到主体意识的开放式唤醒，能够为社会创造更大的价值。我认为这个管理是适合"90 后"的方式。"90 后"不再是倾向于你让他们干什么就干什么，盲目服从，而是希望做一点自己想做的事情，做一点创造类的事情。

我觉得这个题目一点不陌生，我们在管理奥雅或者一个创意设计公司的时候，也一直按照这样一个精神在做。我认为不仅是"90后"需要被尊重，需要个性化，和发挥创造力，"60后"也需要，"70后"也需要，每个时代的人都需要，其实人性是非常相似的。所有好的管理都是符合人性的管理，这也是我们的一个工作模型。

四、奥雅的核心价值观

1．其他公司的对比

TED上面一个很著名的演讲，题目叫做：How to create a great company（如何创造一个伟大的公司）。演讲者进行了多年的研究，对很平庸的公司、优秀的公司和伟大的公司进行了比较，发现它们的思维框架是不一样的，所有伟大的公司都是start with why，就是从为什么要做这件事情开始。乔布斯的苹果公司，并不是生产电脑的一个公司，他并不是从what，也就是生产什么样的产品出发。他的定位并不是想生产世界上最伟大的平板手机、智能手机，或者运作最快的电脑，而是说："我想改变这个世界，我们需要一群很牛的人，像耶稣一样，像圣母玛丽亚一样，我们要找这样的开创者，一起去改变我们世界，世界因为我们而有所不同"。

无论是iPhone，iPad还是iTunes，都是乔布斯改变世界、打破社会阶层的手段、工具和武器。他激励了一群很热血的年轻人跟他奋战，"我们要打破这样一个阶层的社会，我们要去做一些了不起的、惊天动地的事情"。所以start with why，你就可以吸引一批志同道合的人，这是很重要的一个事情。包括我现在正在从事的很多美丽乡村和亲子活动相关的项目。正是因为我们有这样一个美好的愿景，所以我们会吸引很多有共识的有志青年，他们将会跟我们成为团队，一起创造价值。

先把人吸引过来，再来讨论到底该怎么做。就像马云说的，我们要把人连在一起，让天下没有难做的生意。的确他自己也不懂得编程，也不懂得电脑，但是他可以找人做。如何做（how）？是互联网做还是移动端做？通过构建体系，提供平台，最后才产出商品（what）。他先创造了阿里巴巴，然后是支付宝，进而衍生出一系列产品，去解决"让天下没有难做的生意"这一理想。毛主席也是，从为什么做这个事情开始，最后产生了物质载体（what），也是一个从无到有的过程。

大多数公司都是在考虑做一个什么样的产品，小米就是这样，因为移动手机非常赚钱，我们有几万亿的市场，我们要找一帮人生产运作快的手机和电脑，这就是我们的根本目的。这样的公司，它的发展潜力和创新力，是跟苹果公司不一样。

2. 奥雅的核心价值观

上述的 why 就是价值观的体现。对于管理者而言，我认为一切的一切，不管是遇到的挑战，还是思考的过程，都是与我们的核心价值观密切相关。什么是核心价值观？想要回答这个问题，就一定要回到"你是谁，你的价值观是什么"这一原点。现在大家经常讲不忘初心方得始终，这是非常流行的一句话。我们在座的每一个人，将来都要从事自己的事业，无论是设计行业或者设计相关行业，我们都要知道自己的初心是什么，我们为什么要做这个事情。

奥雅也进行了一些梳理，来解答什么是初心。

1）理想情怀

我们都是一帮很有理想情怀的人。我们做这件事情是觉得它能为社会创造价值，而不仅仅是有利可图。有理想，这是很重要的一件事。如果仅仅是做这些事情有钱赚，是一个商业机会，可能我们这帮人都不会兴奋而动。我本人这么多年在房地产相关行业工作，却从来没有炒过房，对这方面不太敏感，但也因此有机会做一些我们真正想做的事情。为什么我们做儿童活动？做乡村？因为这两件事都非常有意义。我们北大人也好，清华人也好，一个很大的优点，就是我们希望能做一些对社会有意义的事情。

2）不断的创新求变

奥雅从一开始到现在，很多人可能定义它是做房地产景观的公司。但我们说奥雅不是，它还可以做一点公共空间；我们做了公共空间，又有人说奥雅是做景观的公司。但我们要做的不完全是这样，我们还想做更综合的服务；当大家说奥雅是一个综合性公司，我又想说，我们是想创造更大的价值。因为我们现在正在做的很多事情，都是一些自主的开发运营工作。

不断冲破别人对你的边界，重新定义你自己，每一天都是新的，这就是我们的本质。很多人也说我比较爱折腾，宝章老师也在我的折腾下无奈的支持。当然他也很赞同，世界上唯一不变的就是变化，你必须要不断地变化才能生存。所以我的同事们，虽然觉得在奥雅比较辛苦，但正是因为公司有这样一个危机感和求变意识，我们才会在日益激烈的市场条件下，依然保持高水准的竞争力。

3）创造价值

这里讲到核心价值观——创造价值，是奥雅一直非常坚持的一点。这个价值既包括社会价值，还包括商业价值，我们坚持为社会和合作者创造商业价值。因为我是商业背景出身，一个事情如果仅仅成为慈善，就会非常单一。我对单一的事情不是那么太感兴趣，一定得非常综合才更有趣，更有挑战。

所以我觉得做事情不仅要有理想，还要赚钱。为什么要赚钱呢？你们要知道如果你不赚钱，好多人不想跟你合作。尤其在中国，你会非常的小众、边缘化。我们不希望做边缘化的事情，我们希望在主流背景下运营我们的公司，所以一定要创造价值。你看这是非常矛盾的一对关系，既要有理想还要赚钱，这得有多难。

4）保持平衡

这两件事情，是我个人努力的核心，我希望给艺术插上商业的翅膀，同时让商业具有艺术的光辉。我可以讲很多关于管理的事情，这都是术的问题。我个人的初心，是希望在商业和艺术间产生一个平衡，我觉得这是很美的，我们坚持要为一件美好的事情找到它的商业模式和价值，这个很难。

我在建立之初的时候希望公司能够成长壮大，如果当初一直不加入也就算了，但一脚踏进来了，作为一个北大经济系的毕业生，我的公司才20多人规模，觉得很没面子、没价值。后来为了证明我的价值，不断为公司的发展添砖加瓦，然后又产生了一堆问题。我们既要规模，又要品质，还特别在意细节。因为我们想要的很多，所以必须要平衡。

又要规模又要做大，也许你知道羊大为美的故事，中国对大是非常推崇的。正是因为有这样一个体量，所以很多人关注我们，我们也很喜欢被关注的感觉，这个可能是虚荣。但处在真实的商业社会，一切都是以体量规模为标准的，不是你认为自己好就好。比如说像我们奥雅这样的公司，现在2个亿左右的规模，在整个公司行业中都是非常非常微小的占比。如果你做到了10个亿，可能在商场中偶尔有人会提到你，房地产公司10个亿是没人提的。你做到百亿，有人可能会提中国百强企业怎么怎么样。为什么大家一天到晚都在说万科，王石爬个山，烧个红烧肉，所有事情都是新闻，为什么呢？他是千亿规模公司的老总，他的一举一动，包括在恒大许家印打个球，任何事情都是新闻，因为他是千亿规模。所以商业社会中是有客观标准的，它的客观标准就是你的产值，特别是你的利润，代表了你对社会的贡献。我觉得很多设计公司说不要做大，大了没有什么好。但是在商言商，为什么我们设计领域，特别是设计公司对于社会几乎没有什么太大影响力，很少有人在新闻中讨论某设计公司发生了什么样的事情。就是因为我们体量太小，我们对社会的贡献其实非常有限。当然我们的贡献是通过作品，它们有精神方面的价值。但是我们的商业价值，在利润、税收和就业方面的贡献，其实是非常有限的。

所以我们需要保持平衡，既要稳定还要创新，我们光想着创新也不行，还要有一定的连续性和稳定性。大家也一直称我们奥雅为一家既有设计又有管理能力的公司，从规模上就有一定的证明。

还有一点，可能在座的大家也很感兴趣，尤其是女同学，就是我一直强调既要有事业又要有家庭，我自己也身体力行，都要有。鼓励我们女性实现事业成功的同时也能获得家庭的幸福，这也是一件需要平衡的事情。

5）人才优先

刚才讲设计公司的管理就是对人的管理，我们一直坚持招聘最优秀的人才，同时注意保留老员工。去年因为经济不好很多公司裁人，我当时就说，要赶快收起人才，而且还获得了一个美称叫做逆势佳人。去年我还获得不少奖项，行情不好的时候才能招到人才，我们在 2008 年吸纳了一批人才，去年又吸纳了一批人才。

人才对于公司来讲是最重要的。也许你现在没有项目，但是这些人在你这里，他们一定会在合适的时机发挥作用。如果你理解了设计公司管理的根本，这时候你就会吸纳人才，对不对？这是一个非常简单的道理。

6）与客户同行

很多时候大家讲设计师作为乙方很被动，会妥协很多事情，但你怎样做有尊严和骄傲感的乙方，不妥协那么多的事情？那么就需要你与客户同行，主动寻找到跟你价值观一样的客户，才能拥有一个有尊严的设计人生。这个讲起来很长。

7）开放的沟通和人文理念

奥雅十分强调完全开放的沟通和人文理念，这个受北大影响很深，我们一直是"兼收并蓄、思想自由"，所以我们一直强调在维持正常工作的前提下，给予员工开放自由的创作环境。

奥雅总体来讲是一个偏西方化的管理，一直强调公平、公正、公开、透明。在公司里，我一直在讲，除了我个人的工资你不可以了解以外，其他全在阳光之下，都欢迎你来全面了解。你越了解为什么要做这个事情，以及这个事情的结果，包括你赚多少钱，你对这件事情理解就很深，参与度很高。对于员工，我们没有任何秘密。

8）追求卓越，持之以恒

这也是宝章老师提出的文化，追求卓越还不够，还要持之以恒，要十年如一日干一件事儿，专心致志，这也是工匠精神的一个体现。

9）平台导向

很多人都讲做平台，但是一个平台公司和大师事务所是有很大区别的。举个例子，我是一家光华剧院的老板，我的剧院有能力让一些有名的角儿登台演出，比如梅兰芳，到我这儿来唱戏。因为请的都是名角，演出效果可以保障。吸引第一批观众之后，他们愿意再来我的剧院听演出，这样循环往复，剧院就运行好了。

如果作为剧院老板的我说，我不仅要开剧院，我还要上去演戏、唱戏，一会儿京剧，一会儿流行歌曲，那么我就会变得非常疲惫，甚至无力去经营剧院。所以，我要做一个很好的平台，演员不用去担心观众、收入，包括服务、经济等，只要好好唱戏就可以。这种场合下，作为老板的我，最重要的事情就是把高水平的角儿请进我们的剧院，配合上绚丽的灯光和舞台，为观众展现最完美的演出。如果我请的角儿水平非常烂，唱的非常糟糕，观众都喝倒彩不付钱，这个光华剧院就无法进行下去了。

所以我们奥雅开的是一家平台型的公司，我们希望吸引各种各样的人才，让他们在平台上有一个很好的发展，这就是我们的定位。宝章老师在这一过程中也不断在大师欲望和公司支持两方面徘徊和矛盾，但是他也认为我们应该做一家平台型的公司，打造一个良好的创作环境和经营体系。

10）回报社会

我们的价值核心就是要回报社会，你们也可以看到我们做了很多有社会情怀的事情，甚至有些人说你做的好多项目看上去都是公益的事情，这也是我认为非常重要的方面。

五、奥雅的发展历程

围绕着核心价值观的指导，我们一直在实践和努力。下面介绍奥雅从 1.0、2.0 到 3.0 的发展历程。去年我也讲到了发展思路，现在经过一年的实践，我们走的更加扎实，在前进的道路上不断推动。

1．奥雅的 1.0 时代

前 10 年我们的主业是景观，我们把自己叫做生态人文景观的先行者和领导者，我们是这么定位，从地段出发，符合生态原则，注重艺术表现的细节和塑造。特别可贵的是这个原则，在奥雅成立之初就创立，并坚持到今天，不是这两年才提出来的。我本人在公司拓展过程中，也多次跟客户讲到这个原则。在最开始零几年的时候。客户听的都是非常茫然的，生态跟我有什么关系，房地产、艺术太高大上了吧。但是随着这些年发展，能够和客户获得的共鸣越来越多，客户常和我们讲"太对了太对了，讲的非常好，不能再做复制化的东西了"，这是 1.0。

2．奥雅的 2.0 时代

1.0 还在继续，在景观方面不断提升产品的质和量，包括我们在住宅产品上也有 1.0、2.0、3.0 之分。3.0 是我们的新中式，奥雅做的如火如荼。新中式里我们也有 1.0、2.0、3.0，3.0 已经进入到禅修、现代人文和文化景观的层面，不是一个固化的过程。当所有人说奥雅你 2.0 怎么做新中式，怎么做泰禾的大宅和红门的时候，我们已经远远过了这一站。所以你必须不断去创新，用你自己的努力去刷新别人对你的固化认知。

2.0 是什么呢？就是 DET，新型城镇化整合的综合服务商。这个也是由来已久，因为我自身是个经济学的学生，所以我一直觉得仅仅从设计来讲，其实是非常局限的。很多时候一个城市发展需要定位，产业规划，我要做什么，还是那几个字，钱，怎么赚钱，很多客户关心的是这个。所以一开始你要用经济分析，策划，然后生态规划，整体规划，最后才是设计。DET，这个也是一早提出来的概念，因为这个理念很好，所以我们再继续发展。

3．奥雅的 3.0 时代

一个项目要提供系统的解决方案，而不是做一个设计。做设计你们会发现很单一，很无力，并不是客户最想要的东西，怎么办？3.0，我们叫DBOF，这个还写做BOCD，是文创开发和文创综合服务，做全产业链。DBOF，D是（Design）设计，B是（Build）建造，O是（Operate）运营，F是（Finance）金融，DBOF就是全产业链模式。奥雅的3.0承担的是一些比较牛的项目，不论规模大小，这是我们主导研发的过程，也是实现理想的途径。我们不是在做乙方，而是在整合，甚至在金融等某些方面承担起甲方的职责，这也是我参与度比较高的项目。

我们最近刚刚中标了一个在贵州安顺的花海亲子的设计施工一体化项目，1.2个亿。我认为这是第一个以设计公司作为总包方，至少是景观设计公司的一体化项目，因为之前，大家都知道园林方面是工程公司来做施工。我觉得特别高兴，能由我们奥雅设计公司牵头，工程公司给我们垫资和当配角，帮助我们实现创意，我觉得特别爽，特别牛。

我们马上要开始1.5亿的红珊瑚儿童公园和科技体验项目，这个公园的位置相当于西湖对于杭州的位置，非常重要，也是由设计创意引领城市发展。我相信未来会出现越来越多的以设计公司为核心，来进行城市开发和运营的项目，这也是我们实现理想的一步。

六、奥雅的管理制度

还是回到价值观，大家说设计公司到底应该怎么管理？我们的讲课需要点干货，所以我这次把干货都带来了。看大家能不能消化，信息比较多。大家可以看到这些都是管理体系。经常有人问我说，奥雅的发展这么好，秘密是什么？他们想知道，你们的绩效是怎么管理的？你们市场激励机制是什么？运营是怎么管理？他们问的其实都是一些很系统的制度。

管理是非常个性化的，没有一个标准化的答案，或者是没有一个放之四海而皆准的答案，你的制度跟我制度可能并不一样。但是我再次强调，所有的一切都是围绕价值观的。

1. 管理制度具体内容

那么这个制度包括什么呢？我们讲具体一点，这里面包括人力资源和市场的管理，首先公司发展要拓展业务，项目进来之后，运营管理要有条理；其次是品牌推广，这也是奥雅做的比较好的方面，奥雅的价值观要让别人知道；此外，钱进来以后要管理财务，不能错账。

2. 市场管理

我们公司近些年才成立商务部门。商务是什么？政府关系，当公司做大了以后，我们需要维护一个好的政府关系。

大家都知道政府是我们所有公司的最大客户，所以一定要把政府关系维护好，这就需要一帮人去维护。

然后，行政大家都知道，就是共同来实现，我们再次强调管理的核心是对人的管理，发挥人的积极性和主观能动性，不要忘了核心。

3. 人事管理

我今天到学校来，公司人事部门希望我们能招聘到更优秀的人才，也讲一下奥雅对于人才的选择标准。首先是需要跨界的思维能力。前两天我看到厉无畏与中国创意产业，讲到什么是文创产业？文创产业核心就是跨界能力，其实我们要想解决一个城市的问题是非常复杂的，解决景观问题也很复杂，要解决文创问题就更加复杂了，需要规划设计建筑设计、城市学、经济学、策划、市场、美学、艺术、生态，需要很多知识的融会贯通，如心理学、哲学，越跨越好。所以我现在招聘团队的时候，各种很奇怪背景的人才都选了，学历史的很好，学哲学的我也觉得很好，各种各样，不一定都要学我们景观设计。因为他们想法的出发点不一样，所以提出的观点也是完全不同的，有的是从经济领域，有的是从设计领域，有的是从工程建造、结构、生态等各个领域，还有的从运营管理的领域。所以我们在训练营的时候，请了一些不同领域的嘉宾，也提出特别好的问题，因为他们看待事物的角度全不一样，就使得局面一下子变得非常丰富。

还有创新能力、梦想能力、脚踏实地的能力、设计讲故事能力、合作能力等。设计公司对我们毕业生的要求是这样的，要有综合能力、创新能力、表达能力，还有讲故事的能力。为什么要讲故事？你的汇报如果不讲故事，或者讲的不好听，就很有可能通不过甲方的审核。为了让项目能够顺利通过，所以需要讲故事能力；团队合作能力，因为项目不是一个人做的，而是一个团队做的。

这是我们的乡建训练营，每年入职以后我们会有一个月完整的培训，第一周是在讲公司的各种制度文化和道德观价值观。后三周，我们今年在乌镇，在我们项目地做了一个乡建训练营，大概50～60人。主要是设计师讲课，每个项目每个团队有一个导师。因为我们在上海附近，这个导师就是上海地区的总监来指导。运作模式有点像中国好声音，团队选导师，导师选学生，现场抓阄选题目，分了有5、6个不同的场地，有的是设计的，有的是中心，有的是亲子酒店，有的是生态花园，有的是民宿。把它们进行改造，有的是景观的系统，还有的是艺术创作。三周时间，从方案到实施。我们今年毕业生是40多位，加上导师一共是50～60人，在乌镇进行为期一个月的美丽乡村训练营，他们做了很多了不起的东西，让我们觉得很震撼。特别有一个团队，团队能力很强，有几个建筑毕业的，还有规划的，景观的毕业生，做的东西非常精彩，出乎我们的预期。我们之前也做了很多训练营，有一个在武汉跟三特集团做的大余湾，也是一个古村项目活化的训练营，因为客户觉得不知道怎么办，我们也不知道，于是搞一个训练营，大概50～60人的规模，一起提供方案，也收获了丰富的成果，这种工作方式是奥雅经常做的，八仙过海各显神通。

4. 绩效管理

人力资源管理就是 KPI，是一个非常受争议的人力资源管理的方法工具，我经常看到微信上说 KPI 害了索尼，索尼破产就是因为有 KPI，所以很多人认为 KPI 都很糟糕，大家都去管效益和业绩了。

是不是 KPI 就不好呢？我认为是微信这种标题党所带给大家的误导。索尼起码上万人，这么大的公司，让不懂管理的人去管，没有体系，没有好的标准，要想能运营的很顺利，几乎是不可能的事情。所以并不是 KPI 害了索尼，而是什么样的 KPI，什么样的目标，以及什么样的 KPI 执行方法害了索尼。因为他们只有 KPI，而失去了他们企业的核心价值观。所以我们还是回到初心，也就是企业管理的核心价值观，这个 KPI 是根据我们奥雅的价值观所设定的，每个公司都应该有属于自己的 KPI。

KPI 是一个自上而下的体系，根据公司的发展目标和战略思维去设定。比如说希望在公司层面有组织绩效，要有整体规模，项目品质，同时还得有客户的满意度、公司的运营和转型以及人才的综合管理等。

这些形成了奥雅整体的 KPI 目标。从集团组织的绩效，到高管的绩效，以及人才的目标，都是一步一步去完成的，一直到项目经理、设计师还有市场部的经理，他都要为这个目标而努力。每个分公司的负责人，因此会不断地分解产值，从 5 千万、4 千万到 3 千万的样子。

我们一直努力的目标，就是主动去减少我们在住宅方面的项目比例，增加我们非住宅项目，比如市政、文旅方面的项目比例。所以就会出现有住宅项目我们都不做的这种情况，因为我们有这样的目标。这个项目可能会损失一些利润，但是在公司比较成熟的发展阶段，你就可以用这个项目来理解，知道是通过这样一种手段工具来推动公司管理目标的达成。

5. 项目管理

我们奥雅的项目管理以品质为中心。为什么以品质为中心？源于我们的价值观，一切以此为基准。首先讲的是对团队的管理，对人的管理，是以项目经理为核心的管理体制，以下是我们对项目经理的要求：

1) 需要有个人魅力，要有一定的领导力。

2) 不仅要精通本专业，还要通晓边缘专业，一精多专。

3) 一定要有组织能力和协调能力。

4) 熟知设计流程，特别是公司的管理流程。

那么项目经理的管理包括哪些内容呢？三个方面，时间、金钱和人，把这三件事情管好就行了，也就是管理项目的时间进度，成本效益，和我们的客户。还有一个是跟总监的配合，我们是总监负责制，也就是高层负责制。很多人说由设计师，甚至一些外籍设计师来负责。但如果让他们来负责，会有很多问题，所以最后我们还是由项目经理为核心，总监把控设计能力，在这一过程中由设计师来配合，他们的合作特别重要。

管理本身非常难教，需要很多综合能力，例如经邦济世能力、综合专业能力、管理能力、执行能力、沟通能力等，所以管理能力也是做人能力。

6. 运营管理

（1）项目流程管理

项目管理已经讲了，再来讲运营管理，这是奥雅的一个特色。我记得在清华的第一堂课上讲过，我曾经亲自参与发明一个工具，用来记录我们项目管理的每一个流程，叫流程卡。因为工程规模大了以后，你无法参与到每个项目的所有细节之中，所以我们用了一张流程卡来控制它的标准。每个项目、每个阶段要有这样一张流程卡，流程起动会要写，相关签字必须存入文件夹和存档，这就是整体的管理过程。

核心管理的目标，是以品质为项目管理要求，简单来说价值观驱动，品质和利润同时都要完成。我们做每件事的同时要有三个目标：第一，把这个事做好；第二，在一个或者几个专业问题上有所提高；第三，不仅仅把项目做好，也要培养团队。这是奥雅对项目经理的要求。

我们再来讲经营意识。品质是公司永远的要求。这是用动画的方式，来演示项目管理的流程，最上面是我们的项目主体，由项目总监、项目经理、设计师组成，下面是我们的支持部门，运营部、市场部、财务部，最下面是后台支持部门，比如IT部门和图书馆。我们的项目从起动会开始，需要很多信息，要有合同、定金，有项目的任务书，里面有方案计划预算，很多问题要在起动会之前做准备，需要和多方部门产生关系。然后，进入到方案阶段。在向业主汇报之前，我们一定要有一个内部的方案汇报过程，而且需要跟市场部、运营部、财务部进行沟通。

接下来，也是用动画的方式体现整个项目的管控流程。这是我们新阶段的控制表，大家可以看到所有相关人员都需要签字，这里有非常清晰的规定和说明，是执行阶段的工作。

（2）启动阶段

会后阶段，方案确认，进入启动阶段，包括收款、中期研讨、内部汇报，以及成果的实现。成果需要很多部门提供，由此可见，一个几百人公司的管理是非常复杂的，需要这么多人去沟通协调，在这一过程中，所有部门的成果都要最后存档。

（3）施工图阶段

施工图阶段，我们的管理是一个流程，而不是成果本身。奥雅从来不对风格进行限定，但是我们会对流程进行限定，比如说你在开始下一阶段之前，上一阶段一定收到确认函，收到设计费，一定要有起动会和内部讨论，我们会通过对流程的控制来对品质进行把控。

（4）后期实施阶段

后期实施阶段，也是一个非常重要的阶段，奥雅独具特色。好的项目，一半的效果是怎样实现的？答案在现场，所以大家千万不要觉得，施工图结束了、交稿了就没有我什么事儿了，我们内部也经常说这个项目怎么样了？怎么好久没听说？答案是进入后期了。项目进入后期就跟我没关系，不重要了吗？恰恰相反，我们认为后期才是项目的开始，设计师要有什么调整改变，这时候就很重要。此外，大家也知道景观是非标准的，所以现场的控制非常非常重要。为此，我特地制定了一个非常严格的标准，叫做 12 ～ 15 个点的标准，光这个就可以讲半个小时。我们还有一个文件叫做景观效果控制手册，图文并茂，规定的非常仔细。这个手册并不是给业主，而是给施工队的。因为业主对这方案已经有所了解，而施工队却大多数是民工，没有太多文化的。所以需要给他们一个图文并茂的手册，例如墙是这样做的，大的空间效果是这样。他一看就明白。

景观项目的效果其实是一个模糊控制的过程，我们经常会说为什么项目效果这么差呢？很多人会回答，因为施工队没有按我们的图施工。但这又是为什么呢？这其实是一个很大的借口。如果我们再问施工队为什么没有按你的图施工呢？是因为他们懒惰，还是因为他看不懂你的图，根本无法按你的要求施工？他们能否找到你写的国外植物的种类？你的图纸造价是否远远超过他的标准？这些都是有可能的。

所以我们说如果他没有按你的图施工，那就是你的图画的不够好，这是一个"以结果为导向"的思路，所以我们建立了 SR 流程，最后要对施工队有一个交底，包括在前期示范的时候，要对两个施工队（硬景施工队和软景施工队）宣讲我们的理念。一方面，施工队会觉得非常好，设计公司对我们好尊重，老板跟我们亲自讲他们想达到的东西，会提高他们的工作积极性；另一方面，也能帮助我们更好的传达设计意图，达成两方的共识。所以不要光跟甲方、设计总监沟通，还要和施工队沟通。因为设计方在方案通过以后，就可以撒手不管了，真正决定你的项目能不能做好的其实是施工队和他们的负责人。

我们要把设计师大致想要的效果，用竹竿做一个框架的样子，基本上 1：1 的比例。这些都是我们长期积累的经验，构建按比例尺寸的建筑物现场初样，不然施工队会很难把控。包括竣工验收，我们要把钱收回来，还要举行一个很重要的总结会。所有一切结束了之后，这个项目才能够告一段落。总结会所有人都要参加，这是后期服务阶段的东西。

7. 总　　结

我刚才大概讲了从前期、中期、后期，包括一年后的工程验收、回访、现场总结这一整套流程。在总结会上，不仅仅是设计方，还有业主和工程单位，我们要在现场复盘，总结这个项目有哪些好的地方，哪些不足的地方，哪些遗憾的地方，应该如何去克服，以及对我们合作伙伴的感谢。

作为一个以创意为导向的公司，不能仅仅满足于有一个好的理念。我们提出一个口号叫赢在理念，胜在实施。并不是方案中标就是好，建的好才是真的好，没有比一个好的建成项目对你的品牌说服力更大了。

最后，作为本堂课的总结，我想要告诉大家：我们要爱设计，懂设计，充满感情和激情，还要发挥工匠精神。

以上就是设计公司管理的框架和它面对的挑战。谢谢各位。

第二部分——互动交流环节

杨　锐：　　非常感谢方悦总今天把家底全都展示给我们，这是一个非常难得的机会。我相信在别的场合，我们可能很难看到这么深入的信息、资料和形势分析，以及对于整个设计公司管理的心得体会。我们再有两三个问题和方悦总进行讨论。

学　生：　　您刚才讲到以品质为中心的项目管理，但是可能在现实工作中会遇到一个矛盾。比如说要确保一个项目的品质，可能需要一个非常长的工作周期，于是我整天就从事一个项目，把它做得很精致、很深入。但这样的话，就会导致员工对企业、对社会没有在数量上创造更多的价值。特别是对于项目经理来说，他会认为要快速缩短设计周期，才可以快速地推进项目和合同，推动产值的增长。

李方悦：　　这也是需要平衡的两极，你描述的很好，所以大家都要往中间靠一靠。这个世界是不完美的，你一定要找到一个中间点，可能是三七，也可能是二八，很完美的时候到九十，或者一百，很难做到一百。所以这是一个不完美的世界，大家毕竟还是要吃饭的，大设计师、总监也是要吃饭的，你跟他讲这个问题他就会理解。

仅仅是流程和效率也不行，做的很差，下次客户也不找你，也无法持久，根本需求无法解决。效率和品质，其实是一个圆的两面，其实可以有机融合在一起。所以我再讲一下，KPI 其实是以品质为中心的项目管理，为什么呢？因为我们发现，只有项目品质好的团队才挣钱。效益最好的团队也是客户满意度最高的团队，这两者恰恰是很好的结合到一起。而那些让客户很不满意，不断换客户的团队，他们的效益也很差，因为它没有稳定的客户源，在寻找新客户和不断修改方案的过程中，把效益全部都丧失了。

我们一定要坚信设计与效益这两点是可以融合一起的。所谓绩效其实是个结果，你一定要把设计做好，才能很高效的做好其他一些事情。所以我们经常说这个设计不管做的多么投入，用了多么贵的设计师，如果你是 5～6 次才通过的，那么你的项目一定是一塌糊涂，效益也是一塌糊涂；但如果你是一次性通过的，你一定是赚钱的。所以这是特别重要的一件事情，是可以平衡的。

学　生：　　我想问一下刚才您一直说的是大规模公司，最低规模也要 20～30 人，那么小公司怎么办？例如我以前工作的公司就是 10 人以下的规模。

李方悦：　　小公司不需要管理。

学　生：　　我们老板的标准就是不要扩大规模，他认为扩大规模会有危险。

李方悦：　　我觉得他是一个很棒的老板。

学　生：　　但是我有一个问题，就是我们刚进入社会的时候，如果没有机会进入大公司，而进入这种小公司，我们的发展模式是什么？因为是老板亲自带，其实也像大公司的一个团队，小公司能存活下来毕竟也有自己一个体系一个流程，所以我想问的是，如果在小公司，我应该从哪些方面提高自己的能力？

李方悦：　　这个问题很好，大公司和小公司各有各的好。大公司有比较专业的培训，每一方面都有很牛的人给你很系统的指导，无论是一个职业经理人还是一个职业设计师，你都可以专业化。

　　　　　　小公司就是全面发展，你一定要挑中一个好的带头人，也就是小公司的老板，他一定要是真有本事和设计能力的，那么你就可以从他身上学到很多东西。小公司可能只有 10 个人，但你有很突出的个人能力，那么老板会带着你去谈项目，你就可以接触到市场、商务和方案，还可能做到这个项目的施工图。

　　　　　　但大的公司就很难，你可能就专注于做事情这一件事情上，也许你需要 3～5 年或者更长的时间去磨炼自己，你不太可能接触到商务和管理的内容。

　　　　　　所以大公司和小公司就是专业化和综合化的发展方向，各有各的优点。

学　生：　　但是我觉得毕竟有局限，因为小公司有时候满手抓的话会抓不住点，老板也许会说你可以重点培养哪一块项目，让自己有一个突出点。我不知道如果以后再出来的话，是以什么角度，或者说什么方式跳到大公司。

李方悦：　　听起来还是很向往大公司的，我很欣慰。我以为大家都特别向往去小而美的公司工作。从小的公司到奥雅的年轻人很多，有不少年轻人在小型公司工作两三年以后，他们觉得进入到一个瓶颈，可能没有什么好学了，他会选择一个更大的空间，去更大的平台发展。

　　　　　　所以我觉得只要在这个过程中你自己积累了一些好的东西，实操能力是不错的，那么你可以去向大公司申请，我相信他们会感兴趣的。我有一个体会，就是我们非常缺乏人才，求贤若渴。但是很多时候，我们找不到好的年轻人，年轻人也觉得好像找不到我们这样的公司。这就存在一个信息不对称的问题，其实我们是非常非常渴望，思想活跃、充满热情、解说交流能力强的年轻人，能够加入我们的团队。

学　生：　　谢谢李总。

李方悦：　　我也广告一下，我们现在有很多新领域是非常缺人的，特别是我们的美丽乡村的团队，做乡建的团队是特别缺人的。今天本来还有东西想分享给大家，但可惜时间没有那么多。

杨　锐：　　好，我们最后一个问题。

学　生：　　您刚刚都是讲的公司管理，想问一下您的古物改造项目，其实社会成本也挺高的，这个项目具体怎么做？

李方悦：　　　肯定是挺高的，就像你改一个旧衣服，可能比做一个新衣服还要麻烦。但是古物改造的挑战并不在改造本身，我想一个老的建筑不管多么旧，多么破，成本多么高，只要有人出钱，还是可以改的，都没有问题。但最重要的是我们现在认为比较有挑战的是美丽乡村的商业模式的问题，其实是有非常大的挑战。因为很核心的问题是你没有产权，该如何去收回投资，这并不是一个技术问题，而是商业模式、运营难度以及投资回报方面，都会出现很大的问题。但是我仍然认为古物改造很值得尝试，因为中国有这么多的乡村都属于凋零的状态，未来的发展空间是很大的。所以我号召大家，多关注乡村的领域。

　　　　　　我自己也觉得比较遗憾的一点是，我们的训练营有 40 多个学生，但是最后没有一个学生留在乌镇在地进行乡村营造。有时候我认为大家对乡村真是一种叶公好龙式的态度。我们去看一看、玩一玩，什么花啊，草啊，乡村风情之类的，让人很有新鲜感。但其实很少有年轻人愿意去做一些牺牲，去做一些艰苦的工作。

杨　锐：　　　这个确实也跟远见有关系，我原来有一个学生就是清华本科毕业，他是毕业之后在哈佛拿了一个硕士学位，在美国一个事务所工作了一段时间，半年前给我发邮件说他要去云南做乡建，说这个非常有前途，他自己也非常感兴趣，因为是要跟人打交道，所有的设计作品要做好，是一个在地和互动的设计。

李方悦：　　　特别大的触动，所以有机会我们再讲怎么样做乡建，乡建真的是很独特的方式，完全跟我们现在这样一个画图纸，然后方案施工的传统景观设计不同。

杨　锐：　　　现在乡建也逐渐是个热点，风景园林协会的理论与历史专业委员会 11 月 12号、13 号在苏州大学会召开一个研讨会，就是关于乡建与乡境这个主题。除了包括风景园林在内的设计界之外，还邀请了一些村委会以及各方面的研究学会。乡建也确实是可以创业的一块。

李方悦：　　　所以我当时觉得很遗憾，因为我们奥雅不会强迫任何人去做他不愿意做的事情。但我心里确实在想，就是现在这些年轻人加入奥雅，是从底层做起，这是个漫长的过程。但是假设这个学生选择去做乡建，加入乡建团队，很有可能在一两年内脱颖而出。因为他会具备一些其他人不具备的一些经验，会发展的很快，也会有更多也更精彩的机会，和别人的发展轨迹完全不同。我是这么看的，但是很遗憾还是有很少的人去做这个事情。

杨　锐：　　　刚才在方悦老师来之前我跟你们讨论，让你们选择文字还是选择图，你们都选择文字。就整个的学习和成长而言，存在两种模式：第一种方式我们一直在一个舒适的环境里面去学习；第二个就是在不那么舒适甚至艰苦的地方去学习。大部分情况下，你们都是选择在舒适的地方去学习，但是大部分的成功都是发生在不舒服的地方。

　　　　　　奥雅整个从 1.0、2.0 到 3.0，大部分的人肯定都认为从 1.0 到 2.0 不舒服，从 2.0到 3.0 更不舒服。但是为什么要这样做呢？举个例子，我们在爬坡的时候不会很舒服，但我们会一直往上走，相反，我们下坡的时候相对轻松，却稀里哗啦地滚下来。实际上大家一定要在自己不舒服的区域去寻找一些突破点，这样才能做出一些真正的东西，也才能体会到人生很有意思、有乐趣、有挑战的地方，才会觉得自己的一生没有白活。要不然就一直在温房里呆着，一直在自己很舒服的地方待着，却不知道外面的世界有多大、有多高，这是我受方悦老师的启发。

李方悦：　　一定要突破自己，去做一些以前你没有尝试、有点危险又不太舒适的东西，这对你的成长很有必要。我举一个简单的例子，我们现在有一些创新的业务，经常有机会直接给到项目组，我们看到不同项目组的反应是非常不一样的。我们今年有一个跟中航合作的项目，叫航天大世界主题乐园。当时这个项目已经确定了给到奥雅，但是业主很有意思，非要选择深圳公司，其实前些日子在北京谈，北京公司很希望做，但由于业主希望选择深圳公司，所以我们就在讨论到底给哪个团队做，到处问，其中有一个团队不是很饱和，我们就说你做吧，这个项目不错的，很有意思。但是那个团队的负责人说这个我们做不了，我们不能做，然后就拒绝了。

　　当时我们觉得很头大，怎么办？结果是最忙的一个团队答应了下来，说我们来尝试一下，实际上他们也是业绩是最好的团队，很受业主欢迎。我没想到，我说你们那么忙，有时间吗？他说我们愿意做点不同的东西。这个过程其实非常艰辛，完全不同的思维方式。以前的项目，由于大家都很熟悉方法和流程，所以做的很顺利，但这个项目完全不同。他要学会讲故事，做航空主题的乐园。他们为此去考察飞机场，学习航空的知识历史。现在做的非常好，这个团队我们明年准备转型完全做文旅，而拒绝我们的另一个团队现在仍然没什么活干。

　　大家知道房地产正在不断走下坡路，所以我当时讲了一句话，平庸的人生还是精彩的人生，全在自己选择，其实都是有机会的，你的个人发展和团队发展，都可以依托奥雅的平台来实现。如果你选择了舒适的环境，很可能是一个平庸的人生，但一旦突破了舒适的区域，你有可能拥有一个更加精彩的人生。你的未来，全在自己的选择。

杨　锐：　　非常感谢方悦总的分享！方悦总真是给了我们一个很精彩的压轴讲座，因为我们可以看到前几讲的主讲人都是设计师或者有过设计背景，这一讲则是在讲如何把整个设计、施工给运转起来，包括深层次的一些管理机制或体制设计，以及公司的转型等等，非常好，也非常重要。如果有学生愿意到奥雅，或者愿意跟方悦总进行交流的话，可以个别的留下联系方式。